DIGITAL CONSTRUCTION

"十三五"国家重点图书出版规划项目
中国工程院重点咨询项目（2019-XZ-029）

丛书编委会主任｜丁烈云

国家出版基金项目
NATIONAL PUBLICATION FOUNDATION

数字建造｜实践卷

上海主题乐园数字建造技术应用

The Application of Digital Construction Technology to Shanghai Theme Park

张　铭　张云超｜著
Ming Zhang, Yunchao Zhang

中国建筑工业出版社

图书在版编目（CIP）数据

上海主题乐园数字建造技术应用 / 张铭，张云超著. — 北京：中国建筑工业出版社，2019.12

（数字建造）

ISBN 978-7-112-24506-2

Ⅰ.①上… Ⅱ.①张… Ⅲ.①数字技术－应用－游乐场－施工管理－上海 Ⅳ.①TU242.4-39

中国版本图书馆CIP数据核字（2019）第283614号

大型主题乐园工程通过强化数字化管理、智能化控制、绿色化建造，突破了传统信息化建造工艺，使我国数字建造技术的综合应用水平达到一个新的高度。本书将以数字化建造技术应用的概述、数字化项目管理、项目管理平台及数字化协同、混凝土工程数字建造技术、钢结构工程数字建造技术、机电安装工程数字建造技术、装饰装修工程数字建造技术、塑石假山数字建造技术等为主线，重点阐述主题乐园工程综合运用的三维可视化技术、深化设计、辅助施工、4D模拟、三维扫描技术、进度优化、材料采购与管理、工程量统计、3D打印和雕刻技术等数字化技术，以及项目研发的基于BIM的工程项目协同平台等方面系统地阐述上海主题乐园数字化建造技术工程建设经验，以期为土木建筑行业的相关业内人士提供参考和借鉴。

总　策　划：沈元勤
责任编辑：赵晓菲　朱晓瑜
助理编辑：张智芊
责任校对：张惠雯
书籍设计：锋尚设计

数字建造｜实践卷

上海主题乐园数字建造技术应用

张　铭　张云超　著

*

中国建筑工业出版社出版、发行（北京海淀三里河路9号）

各地新华书店、建筑书店经销

北京锋尚制版有限公司制版

北京雅昌艺术印刷有限公司印刷

*

开本：787×1092毫米　1/16　印张：14½　字数：262千字

2019年12月第一版　2019年12月第一次印刷

定价：**108.00元**

ISBN 978－7－112－24506－2

（35079）

《数字建造》丛书编委会

───────── 专家委员会 ─────────

主任：钱七虎

委员（按姓氏笔画排序）：

丁士昭　王建国　卢春房　刘加平　孙永福　何继善　欧进萍

孟建民　胡文瑞　聂建国　龚晓南　程泰宁　谢礼立

───────── 编写委员会 ─────────

主任：丁烈云

委员（按姓氏笔画排序）：

马智亮　王亦知　方东平　朱宏平　朱毅敏　李　恒　李一军

李云贵　吴　刚　何　政　沈元勤　张　建　张　铭　邵韦平

郑展鹏　骆汉宾　袁　烽　徐卫国　龚　剑

丛书序言

伴随着工业化进程，以及新型城镇化战略的推进，我国城市建设日新月异，重大工程不断刷新纪录，"中国制造、中国创造、中国建造共同发力，继续改变着中国的面貌"。

建设行业具备过去难以想象的良好发展基础和条件，但也面临着许多前所未有的困难和挑战，如工程的质量安全、生态环境、企业效益等问题。建设行业处于转型升级新的历史起点，迫切需要实现高质量发展，不仅需要改变发展方式，从粗放式的规模速度型转向精细化的质量效率型，提供更高品质的工程产品；还需要转变发展动力，从主要依靠资源和低成本劳动力等要素投入转向创新驱动，提升我国建设企业参与全球竞争的能力。

现代信息技术蓬勃发展，深刻地改变了人类社会生产和生活方式。尤其是近年来兴起的人工智能、物联网、区块链等新一代信息技术，与传统行业融合逐渐深入，推动传统产业朝着数字化、网络化和智能化方向变革。建设行业也不例外，信息技术正逐渐成为推动产业变革的重要力量。工程建造正在迈进数字建造，乃至智能建造的新发展阶段。站在建设行业发展的新起点，系统研究数字建造理论与关键技术，为促进我国建设行业转型升级、实现高质量发展提供重要的理论和技术支撑，显得尤为关键和必要。

数字建造理论和技术在国内外都属于前沿研究热点，受到产学研各界的广泛关注。我们欣喜地看到国内有一批致力于数字建造理论研究和技术应用的学者、专家，坚持问题导向，面向我国重大工程建设需求，在理论体系建构与技术创新等方面取得了一系列丰硕成果，并成功应用于大型工程建设中，创造了显著的经济和社会效益。现在，由丁烈云院士领衔，邀请国内数字建造领域的相关专家学者，共同研讨、组织策划《数字建造》丛书，系统梳理和阐述数字建造理论框架和技术体系，总结数字建造在工程建设中的实践应用。这是一件非常有意义的工作，而且恰逢其时。

丛书涵盖了数字建造理论框架，以及工程全生命周期中的关键数字技术和应用。其内容包括对数字建造发展趋势的深刻分析，以及对数字建造内涵的系统阐述；全面探讨了数字化设计、数字化施工和智能化运维等关键技术及应用；还介绍了北京大兴国际机场、凤凰中心、上海中心大厦和上海主题乐园四个工程实践，全方位展示了数字建造技术在工程建设项目中的具体应用过程和效果。

丛书内容既有理论体系的建构，也有关键技术的解析，还有具体应用的总结，内容丰富。丛书编写者中既有从事理论研究的学者，也有从事工程实践的专家，都取得了数字建造理论研究和技术应用的丰富成果，保证了丛书内容的前沿性和权威性。丛书是对当前数字建造理论研究和技术应用的系统总结，是数字建造研究领域具有开创性的成果。相信本丛书的出版，对推动数字建造理论与技术的研究和应用，深化信息技术与工程建造的进一步融合，促进建筑产业变革，实现中国建造高质量发展将发挥重要影响。

期待丛书促进产生更加丰富的数字建造研究和应用成果。

中国工程院院士
2019年12月9日

丛书前言

我国是制造大国，也是建造大国，高速工业化进程造就大制造，高速城镇化进程引发大建造。同城镇化必然伴随着工业化一样，大建造与大制造有着必然的联系，建造为制造提供基础设施，制造为建造提供先进建造装备。

改革开放以来，我国的工程建造取得了巨大成就，阿卡迪全球建筑资产财富指数表明，中国建筑资产规模已超过美国成为全球建筑规模最大的国家。有多个领域居世界第一，如超高层建筑、桥梁工程、隧道工程、地铁工程等，高铁更是一张靓丽的名片。

尽管我国是建造大国，但是还不是建造强国。碎片化、粗放式的建造方式带来一系列问题，如产品性能欠佳、资源浪费较大、安全问题突出、环境污染严重和生产效率较低等。同时，社会经济发展的新需求使得工程建造活动日趋复杂。建设行业亟待转型升级。

以物联网、大数据、云计算、人工智能为代表的新一代信息技术，正在催生新一轮的产业革命。电子商务颠覆了传统的商业模式，社交网络使传统的通信出版行业备感压力，无人驾驶让人们憧憬智能交通的未来，区块链正在重塑金融行业，特别是以智能制造为核心的制造业变革席卷全球，成为竞争焦点，如德国的工业4.0、美国的工业互联网、英国的高价值制造、日本的工业价值网络以及中国制造2025战略，等等。随着数字技术的快速发展与广泛应用，人们的生产和生活方式正在发生颠覆性改变。

就全球范围来看，工程建造领域的数字化水平仍然处于较低阶段。根据麦肯锡发布的调查报告，在涉及的22个行业中，工程建造领域的数字化水平远远落后于制造行业，仅仅高于农牧业，排在全球国民经济各行业的倒数第二位。一方面，由于工程产品个性化特征，在信息化的进程中难度高，挑战大；另一方面，也预示着建设行业的数字化进程有着广阔的前景和发展空间。

一些国家政府及其业界正在审视工程建造发展的现实，反思工程建造面临的问题，探索行业发展的数字化未来，抢占工程建造数字化高地。如颁布建筑业数字化创新发展路线图，推出以BIM为核心的产品集成解决方案和高效的工程软件，开发各种工程智能机器人，搭建面向工程建造的服务云平台，以及向居家养老、智慧社区等产业链高端拓展等等。同时，工程建造数字化的巨大市场空间也吸引众多风险资本，以及来自其他行业的跨界创新。

我国建设行业要把握新一轮科技革命的历史机遇，将现代信息技术与工程建造深度融合，以绿色化为建造目标、工业化为产业路径、智能化为技术支撑，提升建设行业的建造和管理水平，从粗放式、碎片化的建造方式向精细化、集成化的建造方式转型升级，实现工程建造高质量发展。

然而，有关数字建造的内涵、技术体系、对学科发展和产业变革有什么影响，如何应用数字技术解决工程实际问题，迫切需要在总结有关数字建造的理论研究和工程建设实践成果的基础上，建立较为完整的数字建造理论与技术体系，形成系列出版物，供业界人员参考。

在时任中国建筑工业出版社沈元勤社长的推动和支持下，确定了《数字建造》丛书主题以及各册作者，成立了专家委员会、编委会，该丛书被列入"十三五"国家重点图书出版计划。特别是以钱七虎院士为组长的专家组各位院士专家，就该丛书的定位、框架等重要问题，进行了论证和咨询，提出了宝贵的指导意见。

数字建造是一个全新的选题，需要在研究的基础上形成书稿。相关研究得到中国工程院和国家自然科学基金委的大力支持，中国工程院分别将"数字建造框架体系"和"中国建造2035"列入咨询项目和重点咨询项目，国家自然科学基金委批准立项"数字建造模式下的工程项目管理理论与方法研究"重点项目和其他相关项目。因此，《数字建造》丛书也是中国工程院战略咨询成果和国家自然科学基金资助项目成果。

　　《数字建造》丛书分为导论、设计卷、施工卷、运营维护卷和实践卷，共12册。丛书系统阐述数字建造框架体系以及建筑产业变革的趋势，并从建筑数字化设计、工程结构参数化设计、工程数字化施工、建筑机器人、建筑结构安全监测与智能评估、长大跨桥梁健康监测与大数据分析、建筑工程数字化运维服务等多个方面对数字建造在工程设计、施工、运维全过程中的相关技术与管理问题进行全面系统研究。丛书还通过北京大兴国际机场、凤凰中心、上海中心大厦和上海主题乐园四个典型工程实践，探讨数字建造技术的具体应用。

　　《数字建造》丛书的作者和编委有来自清华大学、华中科技大学、同济大学、东南大学、大连理工大学、香港科技大学、香港理工大学等著名高校的知名教授，也有中国建筑集团、上海建工集团、北京市建筑设计研究院等企业的知名专家。从2016年3月至今，经过诸位作者近4年的辛勤耕耘，丛书终于问世与众。

　　衷心感谢以钱七虎院士为组长的专家组各位院士、专家给予的悉心指导，感谢各位编委、各位作者和各位编辑的辛勤付出，感谢胡文瑞院士、丁士昭教授、沈元勤编审、赵晓菲主任的支持和帮助。

　　将现代信息技术与工程建造结合，促进建筑业转型升级，任重道远，需要不断深入研究和探索，希望《数字建造》丛书能够起到抛砖引玉作用。欢迎大家批评指正。

《数字建造》丛书编委会主任

2019年11月于武昌喻家山

本书前言

近年来，随着中国与国际的接轨，以及人们对于文化娱乐活动需求的日益增高，各地兴起了文化娱乐设施建设的高潮。新一代大型主题乐园作为文化娱乐设施的一种特殊类型，其建造技术正引起业界越来越多的关注。

大型主题乐园往往包含游乐设施、绿化园林、景观道路、河道湖泊，以及配套酒店、商店和其他设施等，其规模已经不亚于一般的小镇。而且区别于一般的建筑工程，有着鲜明的特征。首先，大型主题乐园的建筑物、构筑物及各种设施有着复杂的艺术造型和特殊的专业功能要求，不仅要满足建筑设计规范，很多构件更需要体现艺术性和游艺功能，建造过程需要通过建造技术与艺术创作结合，及各种声光电专业和游艺设备的配合，才能实现复杂造型和特殊功能，而这些众多的特殊专业介入使得建造过程变得更加复杂。其次，大型主题乐园由于体量大、专业多、内容复杂、对品质要求高，必须由大量的业主、设计、顾问、总包、分包等组成的建造团队才能完成，而这些不同地域、不同文化习惯的人之间的沟通与协调给大型主题乐园工程建造又带来了极大的难度。

以全寿命周期信息化为特点的数字建造技术正是应对大型主题乐园建设特点和难点的最佳手段。本书以上海某主题乐园为例，首先详细分析了主题乐园的基本概况，并通过对主题乐园建造过程中的特点和难点进行了分析，总结出了该主题乐园建设过程的"基于BIM的全寿命周期数字化建造技术"和"基于平台的项目管理"两大数字建造技术应用特点。然后介绍了由各相关方组成的数字化建造体系整体架构，并且从时间过程维度介绍了数字化设计、数字化加工、数字化施工再到最后数字化交付的全寿命周期数字化建造的应用情况。接着从项目管理以及具有主题乐园特色的各分部分项工程的维度进行了深入的阐述。

大型主题乐园工程通过强化数字化管理、智能化控制、绿色化建造，突破了传统建造工艺和技术，使我国数字建造技术的综合应用水平达到一个新的高度。本书将以数字化建造技术应用的概述、数字化项目管理、项目管理平台及数字化协同、混凝土工程数字建造技术、钢结构工程数字建造技术、机电安装工程数字建造技术、装饰装修工程数字建造技术、塑石假山数字建造技术等为主线，重点介绍了主题乐园工程综合运用三维可视化、深化设计、辅助施工、4D模拟、三维扫描技术、进度优化、材料采购与管理、工程量统计、3D打印和3D雕刻等数字化技术的情况，并且介绍了项目研发的基于BIM的工程项目协同平台的基本情况。

大型主题乐园作为大型、复杂工程的代表，数字建造技术发挥了常规技术无法实现的作用。本书作为《数字建造》丛书实践卷中的一个典型案例，详细介绍了大型主题乐园项目数字建造的实践情况，可为土木建筑领域从事设计、施工、运维的工程技术人员、管理人员提供借鉴，也可供大专院校相关专业的老师和学生参考，希望对从事土木建筑领域信息技术研究的科技人员同样具有参考价值。

在本书撰写过程中，龚剑、朱毅敏、龙莉波、陈晓明、张勤、朱祥明、吴杰、连珍等为本书提供了大量有益的素材；周晓莉、顾靖、陈凯、叶子青、仇春华、申科伟、孙纪军、管文超、黄宇恺、王洁、曹盈、张天骏、黄平、张春涛等人为本书的资料整理做了大量的工作，作者对以上人员给予的大力帮助表示诚挚的感谢。

囿于作者的知识所限，书中难免会有不当或错误之处，在此衷心希望各位读者给予批评指正。

目录 | Contents

第 1 章

主题乐园概况

上海大型主题乐园位于上海国际旅游度假区内，分为主题乐园区和辅助功能区。

主题乐园区以梦幻、未来、探险、宝藏、花园大街等主题元素分区。整个主题乐园既有集展示、演艺和餐厅于一体的游艺综合体，特色塑石假山工艺筑造的矿山，又有空间异形曲面结构单体，视觉冲击极为强烈，极具科幻色彩，展现了科技未来的无限可能。既有完整的仿自然人工环境，密实的绿色植被与苍劲高耸的山体共同营造出逼真的原始生态感受，又有热情好客又奇幻多彩的街区布满了各式各样的商店和餐馆（图1-1）。

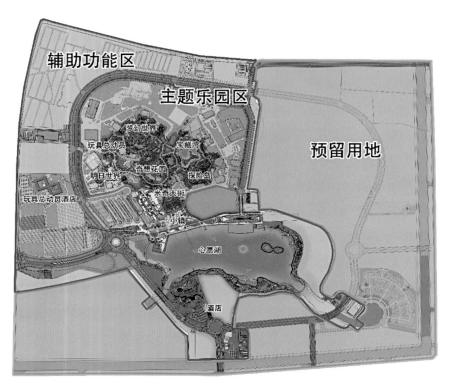

图1-1　上海国际旅游度假区平面图

主题乐园辅助功能区包含小镇、酒店、水处理厂、管理中心、心愿湖、停车场等。大剧院建成后将用于表演主题乐园的特色舞台剧，两个酒店总计1200余间的客房能为尽兴而归的游客提供良好的休息场所。

充满整个乐园的园林景观是主题乐园区的重要特色之一，从苗木衬景、装饰栏杆到彩色混凝土铺装，每一处细节都呈现出对于完美的执着追求。游客漫步于园区中就仿佛徜徉于一片童话世界，一步一景，美不胜收。如此令人击节赞叹的场景背后，是对于每一株苗木的重重筛选、种植土自动混配技术等前沿科技的成果体现。装饰性金属栏杆则以造型多变为特色，与对应场景相呼应，为大画幅的主题场景点缀夺人眼球的近景，构造富有层次感的景观布置。

第 2 章

主题乐园数字化建造概述

主题乐园不仅仅是一个通过游艺设备游玩的场所，更是一个主题乐园的卡通元素的体验场所，遍布在七个游乐区的卡通元素才是其母公司从创建以来不断积累创新的核心价值。从园区的各个角落都能感受到员工对于他们公司所创作出来的各个元素充满着自豪感和呵护感，并且极力想分享这些元素给他人，为他人带来快乐。为此主题乐园的内容既要做到完全契合卡通元素的内容，又要让游客领略这些内容后发自内心地感受到快乐和满足。

　　这种高品质内容、文化的体现在主题乐园建造过程中无处不在：游客踏在隐约呈现着驯鹿脚印的彩色路面上；浏览着具有主题乐园童话色彩的房屋；坐在游艺设备上沉浸于主题乐园熟悉的故事场景里；哪怕是游乐设施附属的排队区，也让人感觉如穿梭于童话故事之中。例如人气很高的项目"七个小矮人矿山飞车"，设计师通过在排队区的卡通元素和光影效果的精心布置，在动辄排队一两个小时的时间里让游客完全沉浸在七个小矮人和白雪公主的故事中，不知不觉就走完了排队区（图2-1）。

　　为了将这些高级的艺术精品打造出来，数字化建造技术的运用必不可少。数字化建造技术可以将许多复杂多变的信息转变为可以度量的数字和可存储的数据，通过计算机进行统一处理，从而带来技术革新和管理高效。

图2-1　卡通元素和光影效果

2.1 主题乐园数字化建造需求

2.1.1 严格的品质要求

作为全球驰名的主题乐园品牌，其品质从1955年开业开始一直保持着世界顶级的口碑和评价，管理者对于高品质的追求也可以说是倾尽全力。上海主题乐园建造的高层会议上，主题乐园全球副总裁表达的首要观点就是"在我们的字典里，第一个词永远都是'完美'"。因此在主题乐园的建设上双方围绕的只有一个核心——品质。

主题乐园的高品质主要体现在两个方面：质量和内容。业主方在主题乐园的建造全过程提出严格的建造标准，确保过程质量受控，以获得符合主题乐园要求的建造成果。主题乐园园区内的土和水都要做到"可食用"的标准，确保小朋友不慎吃进肚里也不会引发安全问题。园区内专门建造了全园区的水循环系统，园区内的生活用水、游乐设施用水、湖水、喷泉水、消防用水等都会进入这个系统，全方位保证园区内的水符合主题乐园质量标准。园区同样专门建造了种植土的生产工厂，将严格挑选的来自全国各地的原土、泥炭、有机肥、黄砂等原料，经过工厂里流水线的科学配比搅拌，形成适合主题乐园质量标准的种植土。为了保证正式运营时游客的体验能够达到他们的预期效果，正式运营之前，留设了半年的调试时间，以及1个月的试运营时间，确保有足够的时间进行完善。

2.1.2 复杂的艺术造型

主题乐园不同于其他建筑形式，具有规模大、工期紧、布设大量游艺设备等特点。单体里设置过山车、地面轨道车、海盗船等游乐设施，这对建筑本身的设计、施工提出了非常高的要求。各个单体都有着专属的主题乐园元素，相互独立且和谐统一，在有限的空间里整合这些元素的设计意图，并且和周围单体甚至整个园区的氛围契合，都为项目的复杂程度提出了新的高度。

而在施工方面，常规施工方法几乎无法完成设计师的造型要求，以屋面为例，不同形式的艺术屋面构造均不相同，有种植屋面、茅草屋面、平整屋面、双曲屋面，甚至还有"被风吹过"的屋面，如何有效地、合理地完成异形屋面的现场施工将是本项目一大难点（图2-2）。

主题乐园项目中存在大量的利用混凝土和钢结构等人造材料来还原自然的山体——塑石假山，且包含压缩气体、主题雕塑等大量常规建筑中很少用到的专业来辅助游艺设施，其施工工艺的复杂程度、多专业协调难度都远超常规建筑（图2-3）。

　　主题乐园中有晶彩奇航、雷鸣山漂流、探险家独木舟等水上游船游乐项目，其中蜿蜒的航道，模仿天然水道自然勾勒出多个小岛，并且在其中航行，不但可以欣赏航道内的演出布景，还可以纵览整个园区内各个单体。全部以坐标定位的航道造型复杂，且航道内轨道、布景皆为预制构件拼接，因此，本身定位精度以及墙体的施工精度要求非常高（图2-4）。

图2-2　艺术化的屋面　　　　　　　　　　　图2-3　塑石假山

图2-4　晶彩奇航

2.1.3　全过程的多方参与

　　为了达到业主的要求，承建单位在工程的各个阶段都请了大量专业分包，分别解决工程中所遇到的专业问题。大量的分包单位容易造成管理混乱、信息沟通不及时、协调解决问题周期长、效率低等问题。例如奇幻童话城堡一个单体仅装饰专业就有分别针对塔楼、外立面、室内精装等的十多家装饰单位，并且分包的数量随着项目的深入持续增加，算上并存的建筑、结构、暖通管线、钢结构、游艺设备、景观园林等，峰值时参与童话城堡建设的团队就超过了百数，这么多的专业团队正是通过项目管理平台的运用，才能顺利完成沟通、协调，确保如期完成深化、加工、施工。

在深化设计阶段，采用数字化的手段，要求在建设过程中各参与方站在全生命周期的角度上分析建设内容和需求，提前介入上下游专业的建设问题。例如：在包含大量假山的游乐项目中，为了照顾游客体验，在假山网片模型碰撞中，要提前考虑预留安放灯具、音响的孔洞，分析施工的可行性、安全性，确保所有为项目服务的管线、灯具、音响等设备都要被遮挡在假山内不能让游客看到。并且在不同专业的模型碰撞中，要考虑游客身体占据的可能空间，清除所有可能侵入这个安全空间的构件，保证游客不会因为高速行进过程中移动身体触碰到静态设施造成损伤。

主题乐园的管理团队不仅仅只在中方园区内，很多设计、管理成员分布在不同的国家和地区，都是通过管理平台、数字模型实时参与过程管理。并且在全生命周期的建造过程中，各方管理团队的流动性非常大，依托于数字化建造技术的运用，能够大幅度缩短人员交接的成本，不会因人员流动而造成资料缺失问题。

2.1.4 严谨的合同约束

主题乐园项目业主方为建设高品质的建筑和游乐设施，在项目前期调研、规划、方案等阶段就已经考虑数字化建造，并且将相关独有的建造方式写入项目合同。仅梦幻世界项目，就有童话城堡、小飞侠、矿山飞车三个项目，在合同中对其提出数字化建造要求。而且为了做到从一而终的品质要求，在多次主题乐园建造方面也积累了不少技术，形成技术规格书，并将此写进了项目合同，引领并约束着参建各方的技术选择，在技术规格书中提出了大量数字化建造的要求。除了技术，主题乐园项目还有诸多建筑信息类型，包括图纸、合约、法务、采购、特殊材料工艺等，这些建筑信息的管理和整合大多都在合同中有体现。这些建筑信息的管理及流程大多都有数字建造的要求，而这些信息如何在众多的参与方间流转，能够被各方高效接收成为决定主题乐园工程建设过程中非常重要的一环。

2.2 主题乐园数字化建造特点

主题乐园项目数字建造由业主主导多方参与，具有两大特点：基于BIM的全生命周期数字化建造和基于平台的项目管理。

2.2.1 基于BIM的全生命周期数字化建造

在数字建造的舞台上，BIM技术会长期扮演领舞者这一角色，在主题乐园的后期建设过程中也不例外，BIM技术作为数字建造的枢纽，贯穿了项目设计、加工、施工、交付、运维等项目全生命周期各个阶段。

以塑石假山的设计建造为例，主题乐园的塑石假山是设计师先用陶土捏合出一个1：25的实体模型，再通过三维扫描读取其数字化的模型，通过数字放大、雕刻、深化出支撑假山表皮的内部结构的BIM模型，而后切割成2m×2m×2m的假山表皮网片单元。数字钢筋加工机可以根据模型的形状加工出组成假山网片的不规则弯曲钢筋，在工厂或现场拼合成编号唯一的假山网片。施工时通过BIM模型指导假山网片的现场安装，可以快速、准确、便捷地确定每一片假山网片的安装位置和安装方式。网片安装过程中运用三维扫描技术进行定位和测量，高效确定网片安装的正确性和精准度。施工方接收到BIM设计模型后不断消除碰撞和添加施工信息，逐步形成和竣工图纸一致的BIM竣工模型，继而移交给运维团队，通过对模型各项信息的处理实现项目管理的目标。

2.2.2 基于平台的项目管理

数字建造的有效途径是信息的收集、共享和集成，在主题乐园项目中有各种各样的信息来源和需要处理的流程，针对不同的信息运用合适的平台进行项目管理也是主题乐园建造的一大特点。

如果说主题乐园的核心区是梦幻世界，那么梦幻世界园区的核心就是奇幻童话城堡这一地标性建筑，作为整个园区的制高点，相信在每一个来主题乐园游玩的游客心中都占有极重的分量。奇幻童话城堡这一单体就是一个全过程运用BIM技术的典范，设计图、施工图等二维图纸均由三维模型投影、剖切而来。同一单体的BIM模型包含全球不同团队的多专业模型，为了整合管理全球的BIM模型，采用了建在加利福尼亚的服务器Buzzsaw平台作为模型的协同平台，全球的团队都要根据各自的权限在Buzzsaw上下载上传相关的BIM模型。

各团队在收到模型后开展深化设计，在相关深化设计协同平台上各方设计师可以及时发起讨论跟踪深化设计问题，事先通过线上的沟通和交流将问题整理归类提高了线下解决问题的效率。不同阶段模型的提交和审核则是在PMCS平台通过约定好的流程实现的，将数字化的建筑信息管理整合到全生命周期的项目管理平台，辅助支撑项目建设。在质量和安全的管理上，主题乐园启用较为快捷轻便的BIM360 Field平台，能够针对质量问题进行流程流转和问题的分类跟踪处理。结合BIM的特性，通过Synchro平台可以同步进行基于BIM的进度管理，运用4D的方式更加直观高效地进行进度管理。

数字化平台是项目管理的有效工具和手段，通过采用数字化的项目管理平台能够提高工作的效率、能够将更多的信息进行整合、能够更加有效地进行信息的追溯、能够更好地进行数据分析，既节约大量社会资源，又增进协同的及时性，在整个数字化的项目管理中起到了重要的作用。

2.3　数字建造总体架构

具体参见图2–5。

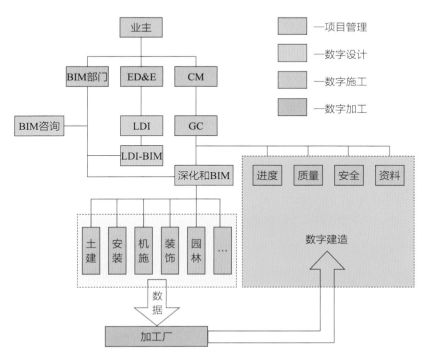

图2–5　数字建造整体架构

（1）ED&E：美方设计团队，负责建筑单体的艺术表现及设计，全程运用BIM技术完成单体的多专业设计。

（2）LDI：Local Design Institute本地设计院，负责配合辅助美方设计团队完成符合国内规范要求的设计图，对接施工方，审批深化设计。

（3）CM：Construction Management项目管理公司，辅助业主对项目进行全过程全方位管理。

（4）GC：General Contractor总承包单位。

（5）BIM咨询：配合BIM总监完成园区内BIM工作的协调和管理。

主题乐园的整体架构由业主方牵头，通过合理有效的管理将数字化设计、数字化加工、数字化施工有机结合。业主方下属的BIM部门、ED&E部门、CM部门共同联同GC（总承包单位）充分利用数字化工具进行项目管理，由本地设计院完成设计阶段的数字化设计，并由施工单位和BIM部门的不同专业人员进行深化设计，共同完成数字化设计。最终将数字化设计的数据传递给加工厂，完成数字化加工，最后将加工厂及设计阶段的数据返回施工现场，指导施工现场的进度质量等施工管理，并最终进行竣工过程的数字化交付，完成数据的全生命周期传递。

2.4 数字化设计

传统二维设计的主要产物是二维平面图纸，其工作方式是采用各专业单独设计，再通过定期沟通交流的方式交换设计成果来进行配合。但目前行业内建筑项目的复杂程度越来越高，利用传统的设计模式已经很难满足现有设计项目的需求。而BIM协同设计是一种数字三维环境下的设计模式，即所有项目参与人员在同一设计环境下进行并行设计，设计成果反映在同一设计文件内，做到及时的沟通协调，任何问题都能在第一时间被发现并调整，减少了沟通协调所需的时间，提升了设计出图的效率和质量。

主题乐园项目多专业集成性较高，各个专业在深化设计过程中除满足结构性能和建筑功能外，还需配合相关专业满足工艺技术要求，常规的深化设计方法已无法满足需要，因此必须结合制作工艺、安装技术等发展数字化深化技术。一般来说数字化深化设计有工程材料清单、构件构造设计、节点深化设计、施工详图绘制等内容。

在深化设计之后还要对所设计的成果进行整合，即对各专业的图纸、模型、资料进行汇总，协调碰撞、安装、施工顺序等问题。对于主题乐园这种复杂又独特的项目，包含了众多的专业，在将各专业的信息进行汇总协调的过程中，深化设计整合技术成为不可或缺的一环，根据各专业的要求，从整体宏观的角度出发，进行专业间矛盾的协调，通过BIM技术有效解决实际问题，提前在深化设计过程中解决未来施工过程中可能出现的问题。

2.5 数字化加工

数字化加工是依托于数字模型或者数字信息传递便捷地加工建筑物构件的方式。而在主题乐园的建设中有不规则的塑石假山、艺术化的屋面、曲率不同的墙体等，这些既是主题乐园的特点也是建造难点。为了让格式、内容各异的建筑信息能够有效传递到数字化加工阶段，需要约定相关的构件精度格式要求以及制定差异化的数字加工方法。

主题乐园单体众多，其精细程度和文件格式迥异。基于此种现象需要对建模软件、模型浏览软件、分析软件、工厂接收软件等一系列软件做出符合工程需要的约定。在异形塔楼结构和变弧度曲面墙体施工中，运用了针对建筑模型构建的Autodesk Revit软件与针对工厂加工模型构建的Solidworks2012软件分别进行建筑信息化建模与制造业工业化建模，两者所使用的内核虽然同属于几何内核，但是作为三维的设计，其本质不同，互相之间无法直接导入，所以在将结构模型文件交付模板生产厂家时必须考虑模型数据的互通性，或者软件互通的方法。同一套BIM系统之下，数据平台需要在各个专业之间传输数据，并进行统一的管理，需要统一的几何表达和描述格式。

在钢结构的制作加工中运用到了数字化排版、下料、零部件加工以及数字化装配、油漆喷涂技术，满足加工难度大、安装精度高等工程需求。机电安装工程中的风管、管道、装配式支吊架等构件均由数字加工完成，为实现高效的现场管理，管道及部件在预制场加工成型后即被贴上条形码，在接下来的管道出厂、运输、现场验收、安装等环节，项目部可依托该系统对管道进行全程跟踪与统计。

在装饰领域更多运用了三维打印、三维雕刻为主的数字加工技术。三维打印技术通过对材料进行分层叠加得到不同尺寸和样式的实物模型，它将虚拟与现实迅速连接，是一种快速制造技术。在主题乐园艺术构件的制作过程中，利用三维打印技术，导入模型信息后可以直接打印出标准的艺术构件，减少了传统方法中繁复的构件制作步骤，直接得到产品。对于局部肌理的精细操作，后期可进行适当的人工雕刻以臻完美，极大地缩短了构件的制作周期。雕刻与打印是两个目的相同方法却截然不同的快速制造方法。雕刻是将材料中多余的部分去除，是精简的过程；打印是从零开始，逐层叠加制作出构件，是一个不断累积的过程。无论进行三维雕刻还是快速打印，前期均需要在计算机中对构件进行模拟，对打印出的物体进行有效控制。

2.6 数字化施工

数字化建造施工技术是对工程建造过程中的各个环节进行数字建模，形成一个可运算的虚拟建造环境，以软件技术为支撑，借助高性能的硬件，对施工环节进行性能分析、施工方案决策和质量检验、管理。

主题乐园采用的数字测量定位技术，通过先进的测量定位仪器快速捕捉所需测量位置并能够精确地测量其平面位置和高程。与传统的测量方法相比较，这些全自动测量技术精度更高、速度更快、测量数据更加全面。

三维可视化是数字建造的特点，利用此优势在施工前期，可以对设计方案进行碰撞检查并优化，从而减少在施工过程中由于设计错误而造成的返工和损失。主题乐园所有BIM模型都可以进行维度上的扩展，在三维的基础上加上时间维度，就可以实现虚拟施工。这样一来，在任何时候都可以快速、直观地将施工计划与实际情况进行对比，同时结合施工方案、施工模拟和现场视频监测，可以在很大程度上优化施工顺序、减少施工安全问题，从而减少由此产生的成本。

将移动设备引入建筑业的做法正在引发项目施工和管理模式的重大变革。Autodesk BIM 360 Glue有助于确保整个项目团队参与协调过程，缩短协调周期，为团队成员提供了可以随时随地查看设计文件的工具。除此之外，项目设计和建造相关的所有团队还能更方便地查看最新项目模型并实时进行冲突检测。在诸如七个小矮人矿山飞车这种包含假山等不规则建筑表皮的项目上，运用三维可视化的现场指导可以准确、快捷地搜索到堆放在现场的建筑构件，并定位到其归属的建筑方位，大幅提高施工准确率和施工效率。

随着数字技术的发展，以BIM技术为基础的各种新技术不断发展并日渐成熟，并越来越多地应用于工程中。三维扫描技术与BIM技术的结合，为施工过程中的质量控制提供了一种全新的数字技术。在主题乐园工程中有许多异形结构、不规则弧形结构，传统的测量方式无法获得精确的偏差数值，应用三维扫描技术得到建筑物表面的点云信息，并与BIM模型进行三维比对，可以快速得到精确的偏差数值，更能直观地发现实际施工与设计模型之间的差异，为施工质量控制提供了精确的数据，也减少了后期因为偏差而造成返工所产生的时间成本、经济成本。三维扫描技术的应用不仅有效提高了施工质量，更能快捷高效地为下道工序提供详实的数据基础。

2.7 数字化交付运维

主题乐园项目是一个全过程采用数字化技术的工程。项目从设计阶段开始到后续施工阶段直至最后竣工阶段，采用了BIM技术进行协调管理，过程中产生的所有信息也都通过BIM技术被完整保留下来。为了主题乐园项目日后更好地进行运维管理，减少不必要的重复劳动，项目除传统竣工资料外，还将BIM模型及相关过程数据信息以电子版本的形式一同移交给竣工资料的接收方，辅助运营团队日后更好地利用数据进行主题乐园运营维护。

运用数字模型以及数字建筑信息可以改善设备信息的调试与链接。施工期间，由施工单位收集已安装材料及建筑物系统相关的信息，并将这些信息添加到建筑信息模型中，为后期业主建立并使用包含建筑信息模型的设备运营维护系统奠定基础。它还可以用于建筑交付给业主之前，施工方检查所有系统是否如期运作。

竣工前总承包单位每周提供更新文件，直至形成充分协调的竣工模型及资料。有了竣工信息模型可以更好地进行设备管理和运营。建筑模型可提供所有应用在建筑物系统的信息（图形和规范），包括几何信息、机械设备品牌型号信息、相关性能参数信息及相应采购信息，这些信息在施工阶段能够有效地指导施工，并记录相关变化，在运维阶段则能够有效地进行信息的追溯，故而将建筑信息模型整合进设备运营及管理系统是非常有意义的事。

CHAP
3

第 3 章

数字化项目管理

主题乐园项目的业主有一支专业的团队从事主题乐园工程的建设和管理，在众多主题乐园建设中总结出了一套具有特色的管理精神、管理理念、管理方法，在这种项目管理模式下会更加注重精细化的数据管理、过程资料的流转及存档、信息的共享和传递，也能更好地发挥数字化的作用。

3.1 主题乐园项目管理的特点

3.1.1 决策数据化

主题乐园的管理模式，所有的决策都必须依靠翔实的数据辅助作出。如在编排进度计划时，每一条进度日期的计算都必须由实际的资源投入和企业定额计算得出，而不是凭经验来确定。这种工作方式的转变，实际上是由传统的粗放式管理变为以数据为决策依据的精细化管理。信息的收集和信息的分析统计会变得非常重要，以数据为决策依据的核心思想也正是数字建造的关键。

3.1.2 管理契约化

主题乐园项目相当重视契约精神，凡事都必须有依据，都必须根据合同中的要求来完成。所以必须对合同及合同相关的数据和信息进行非常详细的分析，以便于管理的实施，同时正因为契约精神的存在，对于过程中的数据和资料要求保存得非常的完整，并以此形成完整的证据链来证明每一件事情的正确实施。而数字化、信息化的管理方式无疑是保存、管理、分析这些海量数据的最好手段，可以及时将各个数据共享至各参与方手中。

3.1.3 信息透明化

对过程的高度重视，对质量的高要求，对标准的严遵守，都离不开管理的透明化。主题乐园项目非常注重信息的及时共享和传递，主张相应的信息应该由所有的相关人员共同知晓以便商定出合适的处理方案。而数字化的项目管理信息系统正是通过数字化、网络化的方式来更好地解决信息的共享与传递。在主题乐园项目上也采用了大量的项目管理信息系统。

上海主题乐园的项目管理有着诸多自身特点，正因为其独特的管理特色，对于数字化、信息化的重视程度大大提高，通过数字化平台或数字化仪器将提高管理的精细程度和过程资料保存的及时性。本章将从项目管理平台、深化设计管理、质量管理、进度管理、安全管理等角度来进行阐述。

3.2 项目管理平台

BIM应用最终的目的是实现信息的收集、共享和集成。而实际工程中除了BIM模型中存在的信息以外还存在很多结构化和非结构化的信息。同时信息的来源也有多种：有通过BIM模型传递来的信息，有通过传感器感知的信息，也有通过手工录入的信息，这些信息既需要通过一定的参与方来对其流转过程进行控制，也需要通过一定的方式进行信息的整合集成。

关于处理协同信息的协同管理平台也有着很多的类型：如办公自动化（Office Automation，OA）、财务管理平台、项目协同管理平台等，这些平台有的以企业管理的自动化为目的，有的以项目管理要素为主控因素，还有的关注与文档层面的协同。

而目前的发展趋势——基于BIM的项目管理平台，则是希望以BIM数据作为核心，将相关的项目管理流程整体数据关联起来。通过应用层、平台层、分析层等不同的层级关系，以构件为核心，以项目管理为主线将各种数据有机关联起来，形成新型的基于BIM的项目管理平台。这是未来发展的方向，可以有效利用各种数据，做到数据的相互联动。

3.2.1 主题乐园项目管理平台概述

主题乐园工程是一个数字化程度很高的工程，其采用了各种各样的项目管理平台，这些平台中有综合项目管理平台、有协同设计类的平台，也有很多分项应用平台。

这些平台的功能和相互关系如图3-1所示。

首先通过综合项目管理平台进行项目的整体把控，项目管理类的平台本身虽然大而全，但有时对于具体某一些点的管理却还并不能做到很全面。同时也为了区分问题的重要程度采用了不同的分项应用平台，较为重要的资料放在综合项目管理平台上，而过程资料及相对较为简单、牵扯面较小的放在分项应用平台上，这样进行区分和应用。此种做法的优点在于具体的岗位人员只需熟悉功能比较单一、界面简

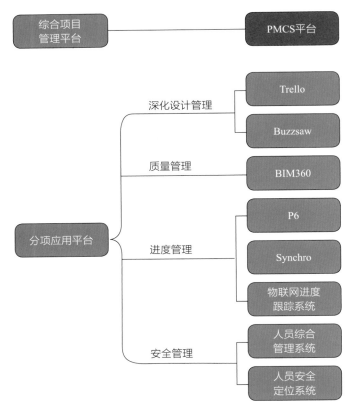

图3-1　主题乐园项目管理平台关系

单的分项应用平台，但是缺点在于某些关键岗位的人员需要记住各种不同平台的各种密码。各个平台之间数据的共享和传递也是一个困难的问题。数字化的手段能够有效提高工作效率，而且能够增加过程资料的可查性、工作内容的可分析性。现对主题乐园项目实施过程中运用的这些平台进行简单的介绍，具体如何结合相关的项目管理协同平台进行数字化项目管理，后文会进行详细描述。

综合项目管理平台：这类平台通常涉及的参与人员非常多，会把各种流程都做到平台中。如PMCS平台，几乎业主所有的流程和文档资料都需要通过PMCS来传递，这样确保了所有的信息是可查询的（图3-2）。

深化设计协同平台：深化设计管理中的沟通和协同非常重要，主题乐园采用的Trello平台，这是一个很简单的协同平台，主要基于网页端来实现。通过不同的成员设立不同的组别和权限，来开启话题讨论。通过事先的网上沟通和交流，为后续正式进入流程加快了进度，且可以将问题分类，便于问题的跟踪和管理（图3-3）。

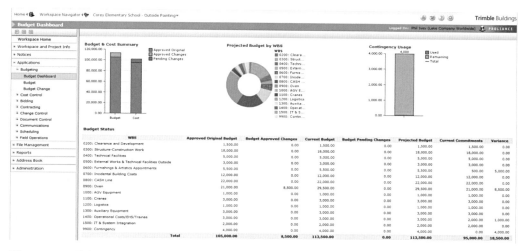

图3-2　PMCS平台

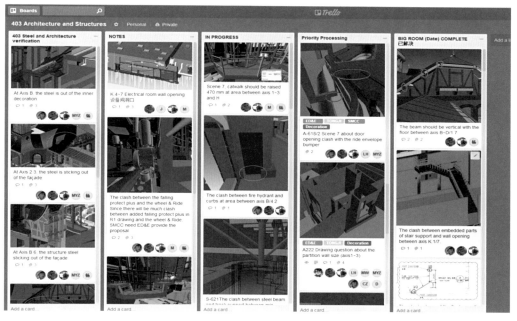

图3-3　Trello平台

　　为了便于资料的传递和共享，主题乐园还采用了Buzzsaw等平台进行资料的共享和管理，Buzzsaw平台能够结构化地将所有相关的资料储存在云端，同时对相关资料进行一定的关联和索引，也能通过权限的控制更好地把控资料的阅览权，同时通过版本管理把所有变动的痕迹留存下来。可以理解为一个具备了更完善功能的专用网盘。

质量管理平台：关于质量问题，传统的做法是通过开质量整改单来完成相关工作，但是传统的质量整改单开具的部位不明确、后续查询困难、分析困难。通常质量人员层次相差较大，所以大而复杂的系统并不利于推广，故而主题乐园在平台的选用上也采用了快捷轻便的BIM360 Field，能够针对质量问题进行流程流转和问题的分类跟踪处理，且同时具有电脑端和APP端，能够更快地记录问题。

进度管理平台：进度管理向来是项目管理中比较重要的组成部分，同时也是很难管理好的部分，缘于进度是变化最快的部分，同时可以说是整个项目管理的主线。所以诸如P6管理平台就是以进度管理和跟踪为主线的项目管理平台，很早就有了基于网络及数据库的协同进度管理的理念，是比较先进的项目管理平台。4D进度管理平台则是在P6等传统进度管理平台的基础上，结合了资源的管理和人员管理，以及BIM的可视化等相关功能，进行基于BIM的进度管理。结合先进的物联网手段，在不同的专业领域尝试了将物联网技术与进度管理进行结合，开发了不同专业基于物联网的进度管理平台。

安全管理平台：安全的相关模块更多地需要和外部数据互动，如通过物联网数据收集人员的实时信息，通过与上海市劳务系统的对接来管理人员的综合信息等。有效地提升了项目的安全管理水平。

数字化项目管理协同平台是项目管理的有效工具和手段，通过采用数字化的项目管理平台，能够提高工作的效率、能够将更多的信息进行整合、能够更加有效地进行信息的追溯、能够更好地进行数据分析，采用了数字化的项目协同管理平台也是推进办公和协同自动化和无纸化的重要一步，既能够节约大量的社会资源，也能够增进协同的即时性，在整个数字化项目管理中起到了重要的作用。

3.2.2 主题乐园综合项目管理平台

主题乐园采用的综合项目管理平台——PMCS系统全称"项目管理与控制系统"，是业主和承包商之间使用的基于网页的文件传输解决方案，以完成某些合同项目和业务管理程序要求。这个管理控制系统是针对工程建设中的各环节专门建立的信息管理平台，旨在运用网络进行更高效的数据传输和储存，并便于业主进行项目全过程监管及管理方与承包商之间的信息传递。

PMCS系统实际上是一个综合项目管理平台，其进行项目管理的方式是对合同的章节进行拆解，并以文档的管理为核心进行所有文档的结构化、流程化的管理，通过文档的管理控制整个项目的实施。虽然这和传统的OA系统非常类似，但是因为结合了合同的章节及相关的技术规格编号，又使得其对于资料的管控具有预判性与结构化，能够更好地对资料进行组织。

根据项目合同要求，承包商需通过PMCS系统进行各项内容的提交，具体为：提交文件（Submittal）、信息征询（Request for Information，RFI）、材料替换申请（Material Substitute Request，MSR）、整改通知（Correction Notice，CN）、合同（Contract）、变更索赔（Contract Directive，CD）、变更结算记录（Variation Settlement Record，VSR）和合同付款（Payment）等，现就其最具有代表性的提交文件和信息征询进行简单介绍。

1. 提交文件

提交文件（Submittal）是承包商根据合同及技术规格书的要求，需要提交给业主审核的方案、深化图纸、采购计划等的统称。

对于业主来说，首先对于所有的提交文件都必须在PMCS中事先做总提交计划，以确保所有工作都是事先被考虑并能够有序执行的。总提交计划包括各方案图纸提交、材料报审进场等工作的时间节点。

主题乐园项目实施中要求总包方在开工之后21日内提交一份详尽的资料提交计划，须包括合同及技术规格书中要求的各项文件提交计划、物资采购计划等。这就需要对合同章节及技术规格书进行梳理，还需把其中要求提交的内容与项目实际进行联系、删改、补充，由各条线负责人对相关章节进行资料提交的梳理，其中的材料报审提交，约一千多项，需采购部门根据总进度计划列出一份详细的项目采购计划，根据材料需进场时间、进场检测检验时间、下订单到运输到场的周期、项目管理方二次审批时间，预估出材料的计划报审时间。这种以计划驱动的方式，本身也是精细化管理的需求，通过对提交资料的梳理，事先对整个项目进行了一遍预演，对与进度计划关联的可能发生联系的资料进行了有效的梳理。

PMCS系统还对所有相关资料都进行了编码，并与相应的技术规格书等基础数据文件进行关联和对应。这样事先需要建立一个比较庞大的数据库，但是同时资料的梳理会更加清晰有逻辑。同时数据库的建立也是一件非常庞大的事情，很有可能就会有遗漏，需要通过一定时间的使用来完善相关系统。

2. 信息征询

信息征询（RFI）是PMCS系统中除提交文件（Submittal）以外的另一大块内容，类似于传统项目的设计变更。当承包商对设计、施工工艺等有任何疑问时，可以通过发信息征询的方式向项目管理方、设计方提出疑问，再按照对方给出的回复进行施工或准备深化图等。信息征询的表述必须清晰、准确。同时为了避免各个专业之间重复提出问题，必须由相关负责人进行整合，并在收到回复后通过系统分发给相关人员进行流转。

数字化项目管理对管理的精细化和标准化都提出了很高的要求，要求相关方都必须严格按照既定的时间和流程来进行工作。所以在建筑行业要推广数字化的项目管理系统，必须加强内部的管理，通过内部的标准化行为来促进数字化综合项目管理平台的推进。

3.3 深化设计管理

数字化的深化设计管理主要从改变传统深化设计流程和采用数字化的深化设计资料共享平台两个角度入手来提升管理的效率。

3.3.1 深化设计协同流程管理

由于主题乐园工程的复杂性，必须采用各种数字化技术来辅助深化设计管理，只有这样才能确保深化设计的界面清晰、成果符合标准、信息共享及时。数字化的深化设计管理主要从改变深化设计的设计工具、协同工具以及协同流程等几个方面入手。

1. 基于BIM的深化设计及模型提交流程

对于主题乐园这种形体复杂极其不规则的建筑物和构筑物，需要采用BIM技术来提升设计品质。部分节点如果不采用BIM的手段进行协调，实施的难度将会成倍增长。

然而采用了新的BIM技术之后，对于传统的管理流程会有不少改变之处。传统流程是各个专业分别进行二维的深化，再进行整合，整合的时候采用的是比较传统的方式，在这样的方式下，效率低下且问题也不容易被发现。而主题乐园工程则希望所有的深化设计均采用BIM技术进行深化设计。

目前采用BIM技术进行深化设计也有几种做法：

第一种做法是基于BIM的"翻模"协调，在二维中进行深化，在三维中进行协调，最后返回二维。

第二种做法是基于BIM的深化设计，直接在三维中进行正向深化设计，并由三维模型出图。

显然第二种做法与BIM提倡的理念更为吻合，但同时也会存在一些问题，如有些专业的有些图纸确实不适合用BIM模型出图，如系统图。有一些细部节点的深化，二维图纸只需要出节点图，而BIM模型如果要全面进行深化的话，会大大增加工作量。

针对这样的情况，基于BIM的深化设计做了针对所有图纸的梳理，明确了哪些能够采用BIM模型直接进行正向设计，哪些由于技术原因或管理原因暂时不方便使用BIM进行出图的内容如表3-1所示。

BIM出图内容梳理

表3-1

深化图纸	深化内容	是否由BIM出图	几何模型无法表达的内容	出图几何信息达到的百分比	出图图面信息达到百分比
351 基础平面图	洞口位置优化，钢筋加固信息，三维协调，定位信息	是	钢筋	75%	25%
351 地下室墙体留洞图	洞口位置优化，钢筋加固信息，三维协调，定位信息	是		100%	0
351 一层墙体留洞图	洞口位置优化，钢筋加固信息，三维协调，定位信息	是		100%	0
351 屋面板留洞图	洞口位置优化，钢筋加固信息，三维协调，定位信息	是		100%	0
351 地上及屋面防水深化图	定位信息，产品信息，材料厚度	否	详图节点用族表示	0	100%
351 后场区龙骨及隔墙深化图	龙骨尺寸，龙骨排布	是	轻钢龙骨及钢筋、踢脚线、灌浆	50%	50%
351 后场区吊顶深化图	龙骨、吊杆尺寸，排布，加固	是	连接件	80%	20%
351 后场区地坪深化图	坡道	是	钢丝网、密封剂	80%	20%
351 后场区卷帘门深化图		是	机电控制	80%	10%
351 地下室墙柱平面图	洞口位置优化，钢筋加固信息，三维协调，定位信息	是		100%	0
351 首层板预埋管线平面图	洞口位置优化，钢筋加固信息，三维协调，定位信息	是			
351 一层楼面结构和基础平面图	洞口位置优化，钢筋加固信息，三维协调，定位信息	是		100%	0
351 一层楼面结构柱墙平面图	洞口位置优化，钢筋加固信息，三维协调，定位信息	是		100%	0
351 一层开洞平面图	洞口位置优化，钢筋加固信息，三维协调，定位信息	是		100%	0

続表

深化图纸	深化内容	是否由BIM出图	几何模型无法表达的内容	出图几何信息达到的百分比	出图图面信息达到百分比
351 屋面开洞平面图	洞口位置优化，钢筋加固信息，三维协调，定位信息	是		100%	0
352 基础平面图	洞口位置优化，钢筋加固信息，三维协调，定位信息	是		100%	0
352 地下室墙体留洞图	洞口位置优化，钢筋加固信息，三维协调，定位信息	是		100%	0
352 一层墙体留洞图	洞口位置优化，钢筋加固信息，三维协调，定位信息	是		100%	0
352 屋面板留洞图	洞口位置优化，钢筋加固信息，三维协调，定位信息	是		100%	0
352 地上及屋面防水深化图	定位信息，产品信息，材料厚度	否	详图节点用族表示	0	100%
352 后场区龙骨及隔墙深化图	龙骨尺寸，排布，加固	是	轻钢龙骨及钢筋、踢脚线、灌浆	50%	40%
352 后场区吊顶深化图	龙骨、吊杆尺寸，排布，加固	是	连接件	80%	20%
352 后场区地坪深化图	坡道	是	钢丝网、密封剂	80%	20%
352 地下室设备基础布置图	洞口位置优化，钢筋加固信息，三维协调，定位信息	是		100%	0
352 地下室混凝土墙柱平面图	洞口位置优化，钢筋加固信息，三维协调，定位信息	是		100%	0

通过对这些内容的分析达成了一致，尽可能进行正向设计，部分内容再由二维设计进行补充。同时对流程进行了一定的调整，结合总包、分包及业主BIM团队中不同工作界面设置了流程。由于项目的设计阶段模型和施工阶段模型分别由设计院和施工单位负责，随着项目的推进，主要模型变更内容转入施工深化阶段，因此设置一个模型交付流程，施工方接受模型后开始施工模型深化。

流程图如图3-4所示。

流程说明：设计根据施工图构建初期设计模型，并上传平台发起设计模型交付流程，形成一个发布定版的BIM模型。流程图中以分包模型深化成为第一个驱动源，驱动整个项目数字化资料协同的更新。分包递交给总包深化设计模型，上传到总包内部服务器中。总包进行模型整合，并且将整合模型及单专业深化模型上传Buzzsaw服务器。之后进行总包内部协调会，一部分内部协调内容会反馈给各分

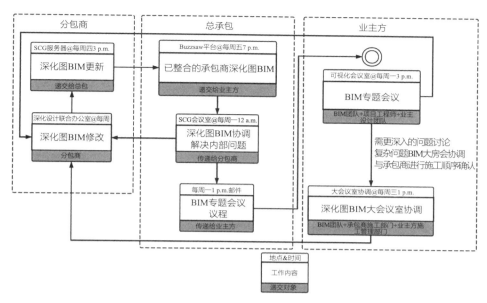

图3-4　玩具总动员BIM工作流程图

包，安排下一轮维护模型的内容。总包模型与总包工作范围以外的模型协调内容将会在每周一的下午3点开会协调，各方将协调后内容提交总包，由总包反馈给各分包。与施工方面密切相关的问题，需要在周三的大房会进行业主方设计团队、演出布景、游艺设备、工程管理等团队联合确认方案的内容。这类问题一般是重大协调事件，在大房会得到确认的修改意见，将反馈给深化设计或深化模型更新，最终再上传Buzzsaw平台，做版本记录。

2. 基于协同平台的深化设计管理

主题乐园工程的深化设计除了采用先进的BIM技术在整个管理流程上进行改进并提高了效率之外，也借助了一些平台协同项目管理。本项目没有采用大型的基于B/S端与C/S端协同的诸如PW之类的协同软件。因为在整个建造阶段，现场情况复杂、参与方众多、使用的软件众多，协同难度远大于设计阶段，同时由于存在着诸多类似PMCS的项目协同管理平台，已经完成了相关文档的协同，所以在主题乐园的项目上采用了一个轻量级的可保存的协同平台——Trello（图3-5）。

Trello平台类似于常见的微博等社交平台，其可以把相关人员拉进一个任务群组，与此任务相关的讨论均可以在Trello上进行。

在群组的内部，可以根据任务的性质和进程再划分几个模块，如进行中、优先进行、已解决等。所有的模块均可以自定义，任务可以很方便地从一个模块拉进另一个模块来整理整个协调问题（图3-6）。

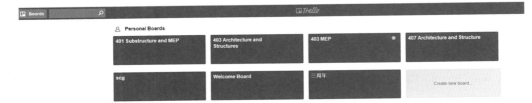

图3-5 Trello平台登录界面

图3-6 Trello平台界面

在具体的任务中可以把需要讨论的人员添加进来，也可以通过手机端给予提醒（图3-7）。

具体每一个问题类似社交软件可以通过图片和文字描述来进行，而其他相关人员也可以通过评论的方式来参与讨论，并明确解决方案。

Trello协同平台并不是一个具有法律效力的平台，但是通过这种灵活的图文并茂的方式能够快速进行沟通和协调，加快处理的进度。

3.3.2 深化设计资料管理

对于深化设计而言，过程资料的协同管理，即通过直接利用平台进行相关的协同设计和协同资料共享，是提高工作效率的有效

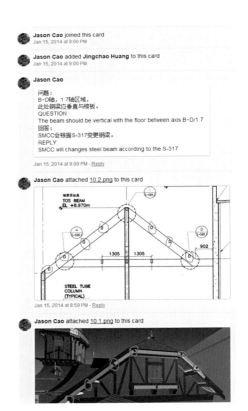

图3-7 Trello平台问题讨论及记录

途径。主题乐园在协同资料的共享上，采用的是Buzzsaw平台，大部分不需要归档，进行中的资料可以通过Buzzsaw来进行管理和协同。

主题乐园的项目都有着海量的图纸信息、文档信息、BIM模型信息。主题乐园的图纸相比国内工程可以说是倍数的提升，光是梦幻世界就有35000张图纸，而且作为主题乐园项目图纸中所包括的演出布景、游乐设施专业也是多于传统项目的。

主题乐园每个核心单体都应用了BIM模型，这些BIM模型在工程项目的开发、设计、施工直至竣工运营，有海量的信息需要上传、整合、下载、发布。在这个前提下，不同专业的模型也需要由多方来维护。

完整的项目资料是项目管理的核心。资料管理有两个基本目标，一是集中统一管理，二是方便安全利用，前者是为后者服务的。同时，由于项目资料具有不同的创建者和使用者，需要分层次进行管理，因此，项目资料的管理标准、分类结构以及形成过程（即项目的实施过程）也是重要的项目资料。

Buzzsaw是Autodesk公司开发的一种适合工程项目各参与方的管理人员在线项目管理和协同的工作系统。使用该系统可以更加高效地管理所有工程项目信息，从而缩短项目周期，减少由于沟通不畅导致的错误。有软件端、移动端和网页端等几种模式，可以实现资料的储存、文档的在线共享与浏览、相关版本管理和全文检索，并能够有效地管理图层、外部文件、设计变更等相关设计资料。

Buzzsaw平台所使用的服务器为业主私有服务器，作为整个项目的数据库。在施工现场业主大楼部署一台，用来满足上海主题乐园项目园区建设，并且开通外网访问权限，实现项目多方长距离资料传输、协同。由业主BIM/CAD经理分配项目账号，业主BIM团队、研究院、演出布景团队、总包团队、分包团队、国内设计院各有一个Buzzsaw账号，权限由业主方BIM/CAD经理管理。

Buzzsaw的文件夹分为几个层级：公司—区域—项目—单体—具体文件内容。

1. 责任权限设置

在本项目中，对于具有不同责权的各个参与方，可以审阅及修改的文件权限也不同。

2. 基于平台的深化设计资料管理

（1）深化设计文档查看

Buzzsaw平台具有提交工程项目文档资料功能，不同的用户在权限范围内，在可见的文件夹内可提交文档。项目各方还具有查阅工程项目文档资料功能，不仅仅是文件内容还能在文件的基础上查看链接、查阅新增文档的资料，以及搜索所需工程的文档资料（图3-8）。

支持的文件格式有CAD图纸文件、PDF文档及Office文档、图像文件、BIM模型等。

每一个上传的文件都可以在树状视图中查看文件和链接，选择目标文件夹中的文件或链接，双击打开文件或链接，就可以查看并发送链接，使接收方从链接快速直接定位文件。

（2）与电子邮件的联动

当相关方上传深化资料文件后，可以通过系统自动发送邮件提醒相关方。

（3）深化设计资料的在线查看与链接关系自动更新查看

通过Buzzsaw平台可以快速在网页端或者相关客户端在线浏览相关的深化设计资料，同时也能够查阅并更新其相关的链接文件（图3-9）。

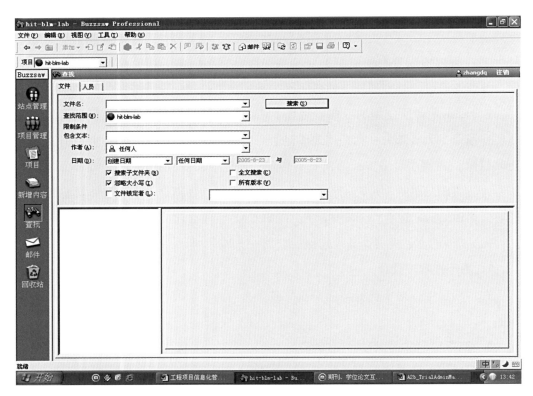

图3-8　Buzzsaw文件查看

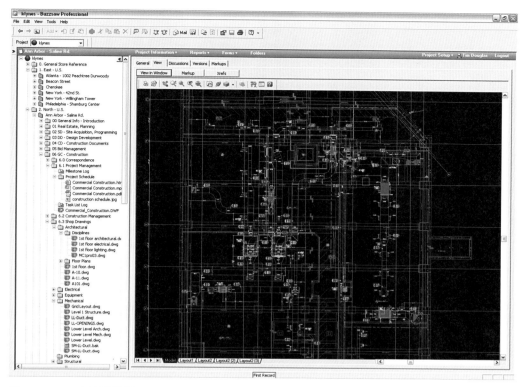

图3-9　Buzzsaw图纸浏览界面

（4）版本管理

通过深化设计协同平台可以有效地管理设计文件的版本，区分版本的上传时间和修改时间以及修改人，便于管理深化设计文件的流转，确保版本的一致和最新。同时旧的版本也会被保留，以便于追溯和比对区别（图3-10）。

（5）深化设计资料的在线批注及交互

所有的深化设计资料在被有权限的人员阅读后，都可以很方便地在文件上留下批注，并提示相关人员，基于同一资料进行文件内容的讨论和交互（图3-11）。

在整个项目实施过程中，无论是深化设计的过程资料还是最终文件的提交，都通过Buzzsaw平台来实现，通过平台的应用，有效解决了资料的共享问题，也便于后续的查询。同时通过分权限管理，确保了资料的安全；通过邮件提醒及在线浏览批注增加了资料共享的交互性。这种云端储存、实时共享、结构化整理、版本管理、交互式的批注是深化设计数字化资料管理的必然发展趋势。

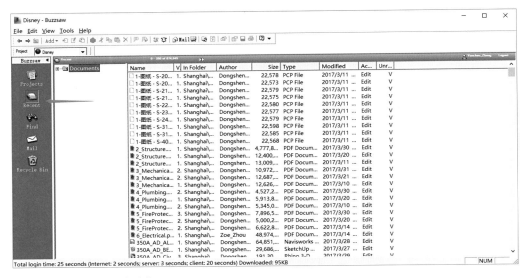

图3-10　Buzzsaw最近文件功能

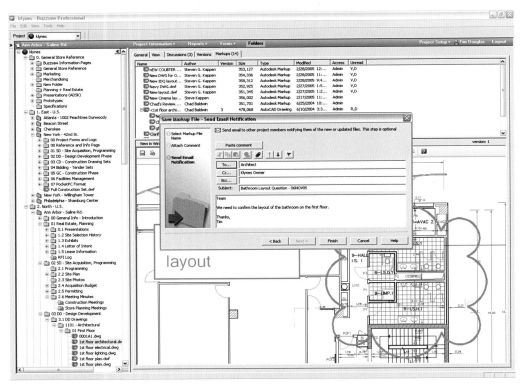

图3-11　Buzzsaw文件讨论功能

3.4 质量管理

如何有效地进行质量保证（QA）与质量控制（QC）是主题乐园整个质量管理中非常重要的环节。一方面通过管理平台来实现过程可控，确保质量，另一方面，通过采用先进的数字化测量等手段来进行质量控制，确保最后的成品符合主题乐园的高标准。

3.4.1 数字化质量保证

在主题乐园工程的实施中主要通过BIM360 Field系统来进行过程中的质量保证，确保所有的流程可控。

BIM360 Field系统是Autodesk公司开发的用于进行现场质量管理和文档管理的系统，将相关数据进行收集、管理并形成报表。

其基于Web的界面与云端的系统可以快捷地进行登录，并且能够有效地将各方都拉入管理系统，也能通过移动端和Web端等多种手段进行管理（图3-12）。

在主题乐园工程的具体使用主要从几个方面展开：

1. 质量问题归类和统计

业主质量管理信息化程度高，参建各方均参与质量问题的管理，信息能够做到及时共享和传递。同时设置相关权限，仅有相关人员能够查看信息。

具备比较完善的信息分析和处理功能，能够对不同公司情况、不同处理时间、不同原因进行处理和分析（图3-13）。

图3-12　BIM360 Field 平台

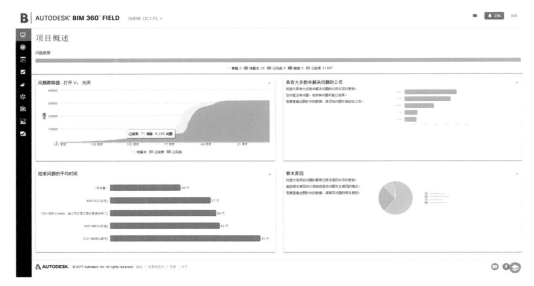

图3-13 BIM360 Field主界面

其分析和处理汇总在登录的主页面上，能够一目了然地进行项目的基本情况管理。主要会显示如下内容：

（1）问题分布的时间和累计的总数：用于查看相关问题发生的时间和总数，可以更好地通过数据分析和统计了解不同工况、不同时间段之间各类问题发生的情况。

（2）未解决问题的公司排序：能够将尚未解决的问题的不同参与方进行排序，可以更有效地对相关单位进行跟踪和统计，确保问题能够有效关闭。

（3）解决问题的平均时间：能够很好地统计和分析相关单位的反应速度，有助于进行相关分析并针对工效较慢的单位提出整改意见。

（4）根本原因统计和分析：根本原因分析是一种可以确定引起偏差、缺陷或风险的根本原因的一种分析技术。通过对产生问题的原因进行帕累托分析，或者鱼骨图分析，确定出造成某一种质量缺陷的根本原因。

而对于具体的问题，可以通过问题列表界面进行问题详情的浏览（图3-14）。

由于问题数量比较多，所以数据统计和分析时，标签的设置和筛选非常重要。主题乐园项目设置了大量的标签和过滤选项，可以按照问题的不同情况进行分类处理和查看。如根据问题所在的位置进行筛选。传统项目的质量问题通常是模糊描述，如地下一层部分钢筋有质量问题。但是如前所述，业主要求的精细化管理，所有问题发生的位置都必须准确。故而主题乐园也建立了完整定位体系，由单体、专业、楼层、房间号、轴线号等层级关系来递进描述具体问题发生的位置。有了准确的位置描述便可以一目了然地知道质量问题的分布情况，同时位置的分布必须考虑不同专业的不同需求，兼顾通用性与灵活性（图3-15）。

将位置定义出后，就要对问题进行详细的描述。从问题的类型、问题的简要说明到问题所属的责任人等均作了定义，主要包含如下属性：

图3-14　质量问题总览

图3-15　质量问题位置信息

（1）问题的类型：是基于管理经验所定义出来的常见问题类型，如验收问题、运营问题、巡查问题等。所基于的出发点是根据不同的环节及其发起人来进行定义。也可基于常见的分部分项问题来进行分类，如结构问题、装饰问题、外立面问题等。

（2）问题的说明和描述：问题的说明和描述应该简单易懂，方便列表时可以很好地看到概要。可以只通过列表而不必详细点入查看。

（3）公司：问题涉及的公司，公司涵盖了业主、设计、监理。

（4）创建者：问题的发起人。

（5）优先级：分为低、中、高、严重四个级别，用以区分问题的严重程度。常规的项目管理对于优先级的管理还是非常重要的，区分优先级可以更好地集中精力处理紧要工作。

（6）状态：分为草稿、待解决、工作完成、准备检查、未批准、争议中、已结束，用以跟踪问题的处理状态。

同时问题可以查看附件、可以查看历史记录（状态的变更情况）。

对于问题，可以进行各种过滤操作，如未解决问题、全部问题、本公司问题、超期问题、优先级高的问题、未分配、未批准等各种根据公司和状态来划分的问题。

同时可以根据创建的日期来过滤，也可以从是否有附件等各种方法过滤。

2. 基于数字化知识管理的检查清单（Checklist）

所有的质量检查步骤都可以进行标准化管理，标准化管理的前提是做好数字化的知识管理，主题乐园实施时，对于一些关键步骤需要检查时都需要进行相关标准化模板的设置。通过建立要检查项目的Checklist可以标准化地控制检查的内容和流程。可以把经验主义的内容转化为数据库管理的形式，把人治转化为电脑辅助治理（图3-16）。

3. 数据的分析

质量问题有一个很关键的要素，在于需要对质量问题进行分析和统计，通过对分析和统计的结果来指导和修正改善的方向。分析和统计可以有很多方式来进行，如帕累托分析、直方图、散点图、根本原因分析法等方法，这些分析的关键都是需要对数据进行梳理和总结，而使用数字化的方式来进行分析，可以更好地辅助出图，BIM360系统中也提供了很多类似的分析功能，可以快速出具详细的分析报告，来辅助进行分析（图3-17）。

图3-16　BIM360 Field平台检查清单

图3-17　BIM360 Field平台质量数据分析

3.4.2　数字化质量控制

质量控制的主要关注点在于需要把现场实施的成果与主题乐园严格的质量标准进行比对，通过这些标准的比对来明确主题乐园的产品确实是合格的产品。

从数字化手段来说，主题乐园主要从两个方面来提升其数字化建造的质量管理水平：

1. 验收标准Spec（技术规格书）化

主题乐园的Spec的组织形式与国内的验收标准有很多不同的地方。国内多按照结构形式来组织，而主题乐园则遵照美国的CSI协会的分类编码体系进行了分类。每一分类里面又包含了很多子类（图3-18）。

DIVISION 03 - CONCRETE
第03部分——混凝土

03 10 00	CONCRETE FORMING AND ACCESSORIES	混凝土模板工程及配件	19-Dec-12
03 20 00	CONCRETE REINFORCING	混凝土用钢筋	19-Dec-12
03 30 00	CAST-IN-PLACE CONCRETE	现浇混凝土	19-Dec-12
03 33 00	DECORATIVE CAST-IN-PLACE CONCRETE	现浇装饰混凝土	19-Dec-12
03 35 13	CONCRETE FINISHING	混凝土表面处理	19-Dec-12
03 35 23	EXPOSED AGGREGATE CONCRETE FINISHING	外露骨料混凝土表面处理	19-Dec-12
03 37 13	SHOTCRETE	喷射混凝土	19-Dec-12
03 45 00	ORNAMENTAL PRECAST CONCRETE	预制装饰混凝土	19-Dec-12
03 45 05	AREA DEVELOPMENT DECORATIVE PRECAST CONCRETE	园区景观装饰性预制混凝土	19-Dec-12
03 49 00	GLASS-REINFORCED CEMENT FABRICATIONS	玻璃纤维增强混凝土	19-Dec-12
03 51 19	ROOF SCREED ASSEMBLY	屋面砂浆层	19-Dec-12
03 54 00	CAST UNDERLAYMENT	现浇垫层	19-Dec-12

图3-18 主题乐园Spec

如综述、参考标准、提交文件、质量保证、实体小样、交付与储存、产品生产商、配件、施工内容、检查内容，其组织方式和传统的标准是不一样的，但是以这种方式能够更加方便地把同一类型的各种相关内容统一进行管理和比对，同时也更加利于将其中的内容标准化和信息化。在主题乐园的实施过程中，添加信息的过程就把Spec的内容做成了标准化的内容，更加利于构件的分类、管理和验收。

2. 控制手段自动化、数字化

在整个质量验收的过程中，主题乐园项目采用了很多数字化、自动化的手段，大大提升了验收的准确性和效率。当然有些技术应用的成本用在普通项目可能会略高，这也是阻碍其大规模应用的原因之一。

现举两项说明使用数字化的控制手段对质量控制的提升：

主题乐园有大量的塑石假山构件，主题乐园的塑石假山工程是一个构筑物工程，其主体结构构件是钢结构，外挂钢筋网片。而钢筋网片的定位取决于主体钢结构的节点（Node）位置的准确，钢结构的节点位置应该与网片的四个角点位置精密吻合，而角点的位置取决于钢结构安装时的精度。节点事先会刻在钢结构构件上，必须对每个节点进行复核（图3-19）。

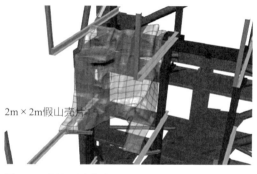

2m×2m假山壳片

图3-19　假山网片构造

对于传统方式来说，要想测量这样每一个节点的位置，必须采用全站仪一个个点地放，效率非常低下。而在主题乐园项目中，结合BIM技术和机器人全站仪技术，通过将BIM模型中的坐标信息提取至手簿中，然后操作人员单人持棱镜至相关节点位置，机器人全站仪会自动跟踪相关棱镜位置并给出偏差，比手工用传统全站仪测量提高了数倍效率。尤其对于Node这种位于钢结构上部的标记点，使用此种方式更合适（图3-20）。

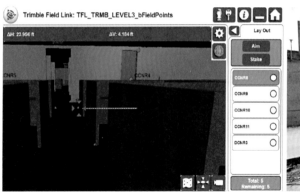

图3-20　机器人全站仪

机器人全站仪在整个主题乐园的实施过程中，解决了大量复杂定位问题，通过信息的有效传递及先进的自动跟踪测量技术，有效控制了埋件、节点等关键部位的质量问题。

另一项，则是混凝土的验收。混凝土质量验收规范中有具体的尺寸要求，传统的方式为使用测量工具如直尺或激光测距仪等进行测量。这样的方式，一是效率比较低，二是需要与规范、图纸进行比对，量测出来的值并不能直接判断其正确与否。

而采用三维扫描仪对完成后的实测模型进行复原，并将之与理论的BIM模型进行比对是一种高效而快速的方式，尤其对于异型结构众多和专业之间冲突较为严重的主题乐园城堡项目来说，显得尤为重要。

通过模型比对技术，分析出现场的偏差，也可以出具偏差报告，是一种数字化的高效质量控制手段（图3-21、图3-22）。

数字化的质量管理，大大提高了质量控制的结果，同时由于采用了数字化的项目管理平台使得协同

图3-21 三维扫描比对偏差

更加顺畅、记录更加有序、分析更加便捷，也增强了质量保证的能力，更有助于精细化管理。

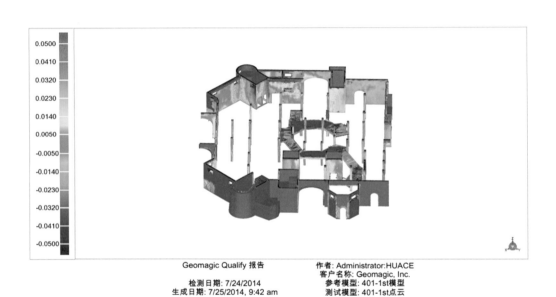

图3-22 三维扫描自动偏差比对

3.5 进度管理

数字化的进度管理方式主要通过事先采用强大的进度计划软件以及4D软件对计划进行分析、模拟和预演；事中通过物联网、管理系统等数字化手段对进度进行跟踪；事后通过采用4D对比和图表对比、前锋线分析等方式进行进度的分析比对。

3.5.1　数字化进度模拟

所谓的4D模拟即是指在3D模型基础上与进度计划相结合，附加上时间的因素，将模型形成的过程以动态的3D方式表现出来。通过4D的模拟，可以更加直观地发现施工计划中不正确的逻辑、缺漏项、不合理的工序和一些潜在的动态冲突问题。通过数字化的手段更好地辅助进度计划的管理。

1.　数字化进度管理采用的软件

主题乐园项目在进度管理时采用的软件及关系如下：通过进度管理软件P6编制进度计划，并实时更新，同时将由BIM建模软件建立的模型与进度计划一起导入相关的4D进度软件Synchro中进行4D进度的分析和模拟，并导出相关的项目进度分析报告和施工模拟动画（图3-23）。

2.　数字化进度管理中的职责

在主题乐园的项目上，4D进度管理通常由BIM部门和计划部门协同完成，其中：BIM部门负责处理并完善4D模型，计划部门根据项目进程细化进度计划。每周更新项目进度计划，传递给BIM部门，与BIM部门形成良好的互动。

各个分包商自行完成各自承包范围的4D模型，并将结果上传至总包，最终由总包进行整合协调，形成最终稿4D模型。

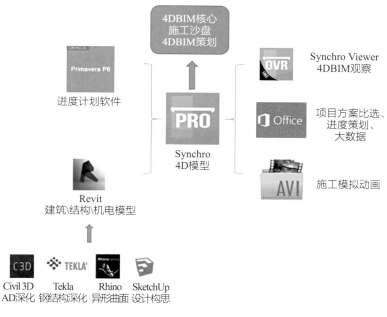

图3-23　4D软件使用情况

3. 4D计划模拟基本流程

每周会由BIM工程师和计划工程师牵头召开进度推进会预演和分析进度的问题，并根据参会的项目经理、项目工程师、各个专业分包的意见进行调整和完善，并进行下一轮的4D计划的更新和模拟。

初版4D BIM模型会耗时一个月以上，之后应每周整合更新，并每月形成动画向高层汇报与存档。4D模型生成和使用流程如下：

（1）建立模型拆分和处理规则

由于4D BIM对于模型有一定的要求，同时施工中的流水段划分可能会和设计时的构件拆分有所不同，所以通常在进行4D模拟前都需要进行模型处理，约定相关的原则并进行适当的拆分。拆分时候可以考虑按照楼层、构件，同时也应该考虑施工缝、后浇带、高低跨等施工分区，尤其主题乐园还需要考虑外立面GRC、GRP等特殊构件的施工工艺和拆分原则。

（2）建立模拟深度和表达方式的准则

4D计划除了与3D模型结合后能够更加直观表达施工进展外，也还需要通过一些颜色的区分和状态的区别来表示更加复杂的施工工况，这些施工工况需要在模拟前进行自定义并形成图例，以便于相关管理人员理解。同时有部分在设计BIM模型中不存在的构件（如施工临时措施、施工机械等），可能是影响进度管理的关键路径，这部分内容也需要通过重新建立模型，或约定简化方式等手段来实现。

（3）建立4D软件与P6软件的联动机制

由于4D模拟需要计划工程师和BIM工程师共同努力，而进度计划的更新又是每周都会发生的频繁事项，且在主题乐园采用的P6软件本身就是基于数据库的网络进度计划编制软件，通过相关插件和API的研究应用，建立了一套通过调用数据库数据来自动同步更新4D模型中计划的方法，在计划更新的实时性上取得了很好的成绩（图3-24）。

（4）绑定模型与进度计划

4D工程师需要在BIM模型和进度计划之间建立相应的绑定关系，通过利用各种筛选器及自动匹配的功能将模型与进度计划绑定在一起，从而实现4D的基本功能。

（5）设立基准计划

为了便于4D管理，当将基础的模型与计划绑定后，应通过设立基准计划，并定期更新基准计划，同时控制基准计划与实际进度的差异来进行可视化的4D进度管理。

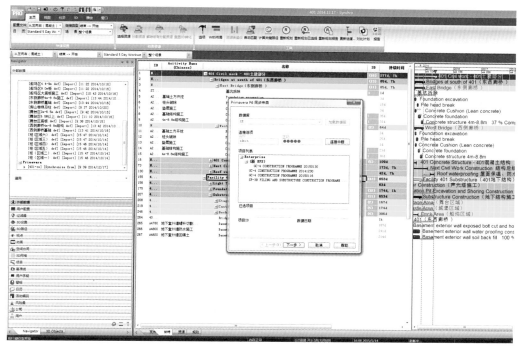

图3-24　4D软件与P6软件的联动

（6）4D计划的讨论

通过每周的进度例会，总包商、分包商与业主相关人员利用4D模拟软件一同商议进度情况，更直观地显示出相关资源的分配情况（图3-25）。

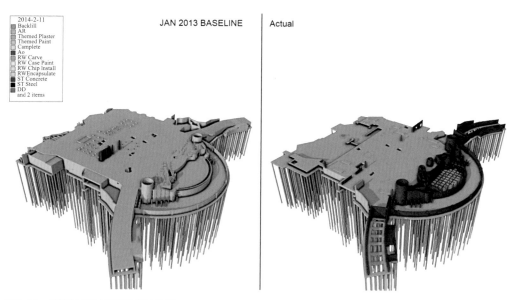

图3-25　基准计划与实际计划的比对

4. 城堡外立面施工4D模拟

城堡的外立面施工工序十分繁复，分区众多、施工工艺繁杂，导致众多的交叉作业。如何有序安排这些作业的进度计划及通过模拟直观地表现出某个时间点的进度是外立面施工进度模拟的重点（图3-26）。

最终采用了不同颜色和不同视图的施工模拟，清晰地反映了城堡外立面及同时进行的内部其他作业的复杂工况，为项目的有效实施奠定了基础（图3-27）。

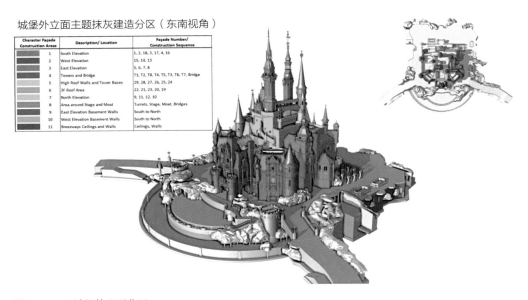

图3-26　401城堡外立面分区

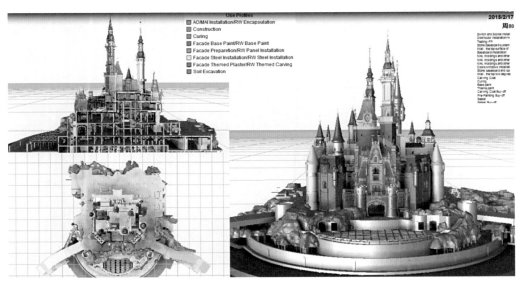

图3-27　城堡4D BIM图

3.5.2 数字化进度跟踪

采用4D的方式可以进行进度的模拟，但是实际进度跟踪却是进度管理中的重点和难点，借助物联网等技术手段能够有效地对实际进度进行跟踪。

主题乐园工程中也在诸如PC构件、装饰构件、机电管线、假山网片等采用了不同的基于物联网的信息管理平台来进行进度管理，现以假山网片为例说明。

主题乐园工程有大量的塑石假山造型，塑石假山是通过在钢结构的构筑物上挂接异形钢筋网片，再在网片上喷砂浆雕塑上色成型。因为网片的形状各异、数量庞大，对于其进度的管理需要做到精细化才能保证每片网片与现场钢结构能对应上。

对于每一块钢筋网片都有二维码标签，标签上有与图纸对应的编号用于指导生产与施工。在工厂生产完成后粘贴标签，之后对生产完毕、工厂储存、驳运至临时存储点、驳运至核心区、核心区暂存、安装等阶段进行扫码监控其状态，记录其编码及完成时间，从而实现精细化的进度管理（图3-28）。

图3-28　完成编号处理的假山模型

运用了物联网及管理系统的方式对特殊构件的进度进行了跟踪，有效地提升了管理的效率，也能够更加方便地完成进度的管理。

3.5.3 数字化进度分析

有了相关的计划模拟和进度跟踪之后，需要对进度情况进行分析和比对。主题乐园项目采用了图示对比法、甘特图分析法、数据表格自动汇总分析法等几种方法来进行进度的数字化分析。

（1）图示分析法

利用4D的方式，将实际进度和计划进度进行同框对比，通过两者进度的4D比对，结合模型包含的进度信息，可直观地看出进度的差异所在（图3-29）。

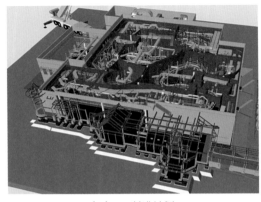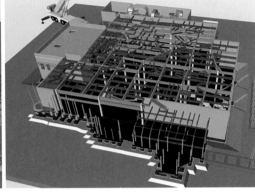

（a）8.30基准计划　　　　　　　　　　　（b）8.30实际进度

图3-29　图示分析法

（2）甘特图分析法

相关的进度软件可以通过峰线图等甘特图分析形式来反映进度的差异，通过记录实时的进度信息，并且与预设的基准计划通过图形的方式来进行相关的分析（图3-30）。

基准计划以虚线框的形式存在，实际进度以实线段出现进行比对。

也可以再进一步，通过跟踪实际进度与计划进度的差异来分析相关的进度前锋线，进度前锋线的分析方式需要设定一个分析的基准日期，然后围绕基准日期前后工作的完成情况以折线段的方式来表示相关的进度提前或者滞后（图3-31）。

图3-30　进度分析

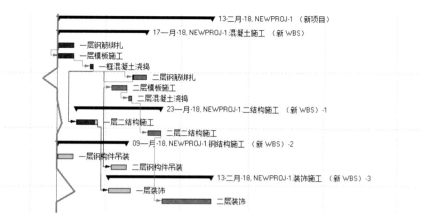

图3-31　锋线图计划分析

（3）数据表格自动汇总分析法

通过物联网的手段收集进度数据，然后把各类构件都分别处于什么状态以及完成了多少的百分比以数据汇总表的形式展现在管理人员面前。通过这样的方式，可以很好地辅助管理人员进行决策（图3-32）。

综上所述，所有的数字化智能化的手段用于进度管理，既可以在事先对进度进行模拟和演练，也可以在事中通过物联网等手段对进度进行追踪，更可以在事后通

混凝土结构				
进度状态	加工完成	构件出厂	构件进场	吊装完成
DB4 ▼	19.43%	8.04%	7.51%	5.76%
全部楼层 ▼	19.43%	8.04%	7.51%	5.76%
预制墙板	247/850	4/850	4/850	0/850
预制叠合楼板	190/1805	190/1805	190/1805	132/1805
预制叠合梁	95/437	46/437	46/437	46/437
预制楼梯	18/78	0/78	0/78	0/78
预制阳台板	141/387	46/387	27/387	27/387

图3-32　百分比表格法计划分析

过各种数据的分析以直观的图表方式来进行数据的分析，为后续的数据化决策服务。

3.6　安全管理

采用数字化的手段，提升安全管理的可靠性是非常重要的。安全管理中经常遇到的情形是人的不安全行为和物的不安全状态，所以提升安全管理的水平也要从对人员进行状态的管理和监控以及对相关涉及的物体进行监测着手。同时安全管理更加强调预防，需要在开始之初就对很多可能产生危险的场合辨别危险源，并制定相关的预案。由于安全管理的很多行为都是发生在户外，所以安全管理除了需要由安全可靠的数字化系统来进行管理方面的提升之外，也需要大量结合先进的仪器以及物联网技术等来进行实时数据的采集和分析。

3.6.1 数字化人员管理

主题乐园对安全管理相当重视，建立了专门的职业健康环境（HSE）部门来负责安全环保相关事宜，在很多重大决策上都有一票否决权。

基于这样的项目环境，在传统项目的安全管理模式基础上，将人员的现场状态作为安全管理的一个重要环节进行严格把控，结合信息化的工具系统在如何提高管理的准确性和有效性的问题上进行初步的尝试。

在主题乐园项目上采用了不同的数字化工具来进行人员的安全管理，一种是人员综合管理系统，此系统更加关注人员的综合信息的全面性和人员考勤的分析。另一种是智能安全帽系统，更加关注的并不是大量信息，而是人员实时信息的监测。两者的功能在一定程度上有重合之处，甚至可以说，人员综合管理系统的信息手机端完全可以采用智能安全帽系统来实现。但考虑到并不是每一个工地都采用了智能安全帽，目前还是以两套系统并存的方式存在，将来也会在数据层面上进行整合和完善。

1. 人员综合管理系统

现场劳务工作管理复杂，人员流动较多。需要通过信息化、数字化的手段来进行整合管理。主题乐园现场引入了现场劳务管理系统，将现场的劳务人员管理及风险管理等信息管理系统进行统一的管理（图3-33）。

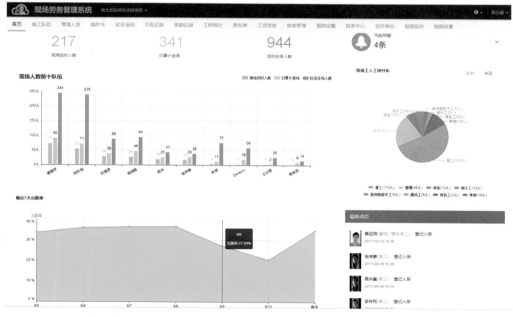

图3-33　人员综合管理系统主界面

对于所有通过信息系统收集到的信息，也可以方便地自动生成相关报表，包括花名册、考勤表等。

为了便于使用，也采用了电脑端和移动端结合的方式，移动端主要功能为信息的浏览。同时结合二维码扫码的功能，能够方便地在现场查阅工人的相关情况（图3-34）。

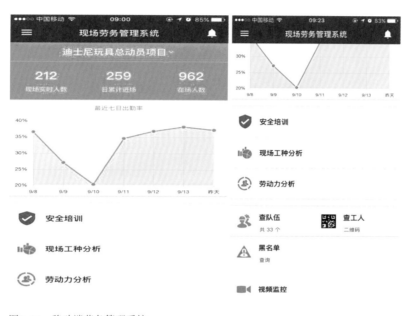

图3-34　移动端劳务管理系统

2. 智能安全帽系统

所谓智能安全帽系统是一种结合最新的无线通信技术、无线射频技术、网络平台等技术手段的智能高效安全管理系统，这套系统主要通过将系统收集到的工地现场人员信息及时上传到后台管理系统，并生成相应的数据报告，实现对人员危险状态的实时监控，为防止事故发生，并进行及时的预警，为工地安全生产进行智能管理提供数据支持。

图3-35　智能安全帽系统终端实物

通过将无线射频数据读取模块内置无线传感系统和WiFi/GPRS无线传输模块集成在安全帽内，这样可以轻松定位工人的位置和区分个体的实时状态，从而实现安全管理的信息实时采集和准确高效传输。图3-35所示为智能安全帽系统终端实物。

（1）系统架构

本套系统共分为三层：监测层、传输层和应用层。图3-36所示为智能安全帽系统架构。

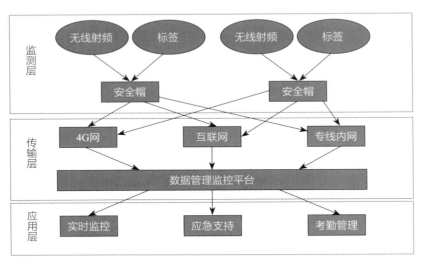

图3-36 智能安全帽系统架构

监测层主要由无线射频、标签和安全帽组成，将现场监测到的数据信息通过网络无线模块传送至数据管理监控平台，实现数据监测和传输功能。

传输层通过电信4G或者其他局域网与互联网等网络平台融合，把现场实时采集的信息准确及时地传送至后台数据管理监控平台，并对数据进行整合、汇总和必要的数据信息处理。

应用层把监测层采集的现场实时信息根据不同功能模块的需求进行智能化处理，实现工地实时监督、应急支持、考勤管理等功能。

（2）系统功能

系统通过智能安全帽上的通信连接模块，将标签监测到的通信模块传送到项目部的服务器上，管理终端从服务器上面取回所需要的相关数据，根据数据来判定工地现场的工人的状态是否正常。系统可以实现三大目标。

1）实时监测工人的安全状态并判断解决方案

通过系统可以了解在场人员总数、每个人员所在的位置、人员的实时状态（人员的实时状态可以分为正常、跌倒等）。通过人员的状态给出相应的应对和预警措施，预防事故的发生。

2）考勤管理

系统具有考勤能力，可以精确统计人数、人员特征、进出场时间，并在项目平台上自动生成每日考勤报表、每月考勤报表，为现场施工提供考勤管理基础（图3-37）。

两种类型的系统均主要针对人员的安全问题进行管理，可在不同的场合应用，也可以结合使用，有效提高了人员的安全管理数字化水平。

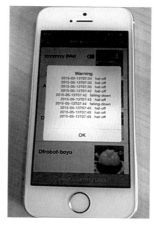

图3-37　管理平台手机终端

3.6.2　数字化安全设施

对于物的不安全状态也可以借助数字化的手段来进行监控，以提升管理的效率。

1. 车速控制

主题乐园园区内部为了控制安全和扬尘，对于车辆行驶的速度有很严格的要求，通过采用固定位置的测速仪和随机巡视的手持测速仪来确保车辆行驶的规范与安全，一旦发现了超速，将会记录在安保系统中，当达到一定次数的违规后，会被劝退出园区（图3-38）。

2. 受限空间管理

主题乐园对于受限空间管理是相当严格的。受限空间是人能进入工作，但是由于狭小或长期密闭可能会因缺氧等因素造成生命危险的空间。

图3-38　数字化自动测速仪

对于受限空间的管理，除了所有的受限空间都必须编制方案、进行审批、进行安全交底、使用防护用品外，同时还配备了相关的数字化安全设备在进入之前对密闭空间进行检测（图3-39）。

这些仪器能够很好地检测出密闭空间的空气质量，确保人员的安全。

3. 自动水泵

为了保证抽水的效率，所有基坑处均布置了由数控控制的自动水泵，保证大暴雨来临的时候能够高效地进行基坑的抽水作业，确保基坑的施工安全（图3-40）。

图3-39　密闭空间安全性检测仪　　　　　　　　图3-40　自动水泵

3.6.3　数字化危险源管理

利用BIM模型预先在电脑中将整个施工方案进行模拟，尤其关注洞口临边、吊装措施等危险性较大的部位，通过分析其中的安全隐患，制定相应的措施并规划应急方案。同时也可以将模拟出的结果利用虚拟现实技术让工人有切身体验，增强工人的安全意识（图3-41）。

图3-41　安全模拟系统的界面

3.6.4 数字化场地规划管理

施工现场经常会碰到施工场地狭小、现场各专业工序冲突等问题，进而引发进度和安全问题，而这些问题，完全可以通过事先的数字化预模拟的方式进行解决。结合BIM技术，可以在电脑中以精确的尺寸和丰富的信息来进行预建造。

构建场地布置模型，为施工场地的布置和调整提供模型依据，辅助做好场地布置方案决策；及时反映现场情况，发掘现场潜在的问题，及时指出问题并提供更改意见；收集施工过程中设备和设施相关必要的非几何信息，便于随时查看和调用；为后续的工作如3D协调和4D模拟提供场地基础模型。

利用BIM技术布置场地模型，利用模型对方案进行优化和调整，并将调整及时反映到模型中，使之与现场保持一致。施工设施布置模型的构建、优化和调整：构建施工场地中必要的机械设施，并根据不同施工阶段机械设施的位置对模型进行调整，使之与现场保持一致。施工临时措施模型的构建、优化和调整：构建施工中临时措施，如围栏、脚手架等。施工设备、设施相关信息录入：对重要的施工设施设备信息进行收集和录入工作。通过这些工作可以有效地为现场管理起到辅助决策的作用（图3-42）。

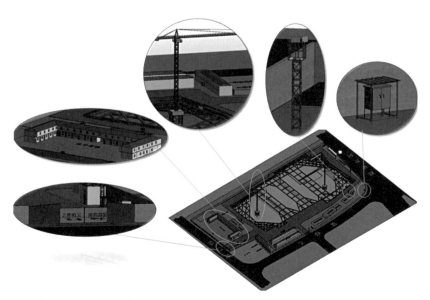

图3-42 场地平面布置图

第 4 章

混凝土工程数字化建造技术

主题乐园中的建筑分别取自经典动画中不同的场景，有城堡、林间小屋、乡村街道、矿山等。在这些建筑的内部都是依靠朴素的混凝土进行结构支撑，在外部构造上通过混凝土与钢结构、装饰层的结合展现了造型各异的效果。然而由于建筑本身造型的复杂加上多专业间的连接节点使得主题乐园工程中对于混凝土建造要求也非常高。为了能解决这些复杂的连接情况，在与设计师沟通的过程中，项目采用数字化建造技术，完成了混凝土防水、机电安装预留洞口、钢结构埋件碰撞、游乐设施埋件精确定位的深化设计。

在混凝土的施工中，模板排架工程占据了绝大多数的工作量。使用常规的模板建造方式并不能很好地满足主题乐园的结构造型需求。随着数字化模板设计、加工技术的应用，混凝土的形体有着更多的几何可能性。项目利用数字化定型钢模加工，数字化排架排布技术完成了复杂结构的混凝土浇筑。

对于混凝土工程的施工管理，项目利用三维扫描技术对混凝土质量进行了有效分析，减少了后道工序的返工量；并且利用二维码和信息化平台对预制混凝土构件进行了有效的管理。

4.1　混凝土工程数字化深化设计技术

面对主题乐园深化设计的高要求，采用传统的方式无法满足，因此在主题乐园混凝土的深化设计中，对于混凝土防水节点、多专业数字化协同、机电管线预留洞、复杂结构上钢结构埋件以及大型游艺设备预埋精确定位采用了数字化深化设计技术。

4.1.1　混凝土工程防水节点数字化深化设计技术

主题乐园的建筑形体较为复杂，结构防水的深化设计需要考虑到建筑的每一个造型的相互搭接关系，如异形屋面的防水、轻钢龙骨石膏板墙与混凝土之间的防水、转角檐口处的防水。而每个节点都有特殊的技术规范，设计师需要对每个深化节点一一审阅，防止遗漏。考虑在原设计图纸中只有一些通用的节点详图可以使用，面对这些常规图纸表达不清的多样化节点，在结构深化时增加了防水系统的建模，通过对每个防水节点进行三维表达，然后与设计师一一沟通，完成混凝土防水工程的深化设计。

方法上将建筑的屋面、外墙、结构底板等有防水设计需求的节点进行建模。所涉及的节点，根据设计规范进行详细表达，如打胶处、螺栓、防水层；同时模型防水节点建模可进行工作量的统计，在交底和施工时不容易有遗漏的地方。整体数字化防水深化设计流程如图4-1所示。

首先与设计师在模型中确认了需要考虑防水要求的位置，形成一套防水工程视点记录。可导入导出的视点

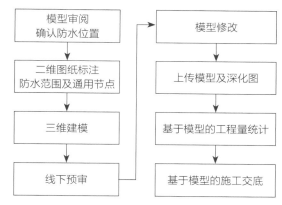

图4-1　三维防水深化设计流程

记录是传递模型位置信息最便捷的手段。之后进入二维及三维深化的阶段，基于BIM数字化的防水深化设计在流程上简化了二维深化的内容与时间，工程师只需要在二维图纸上标明防水深化范围，详细的防水节点内容将会在三维建模时进行协调。对于防水工程的模型需要系统性地规划，大面的防水层可以由Revit系统族（屋面、楼板、墙）来生成，而细部做法就需要详细建模，这类建模需要在模型中可以不断地被调用，并形成可调参数化的族。因此依照主题乐园工程的防水节点的特点建立了一套完整的防水族库。在族参数的设计上对于族的尺寸大小、材料属性都进行了选项规范。

1. 防水族共享参数信息

要达到前文描述的优势效果，就必须对不同材料、材质分开建模，并赋予相应对象以不同的参数。因此根据项目特点，以防水节点为分类标准，对节点进行建模。这就为深化设计的图纸三维化增加了大量的重复工作。为解决这一问题，使用了共享参数的方式，对同一类型的、同一材质的不同节点建模方式进行了优化（图4-2）。

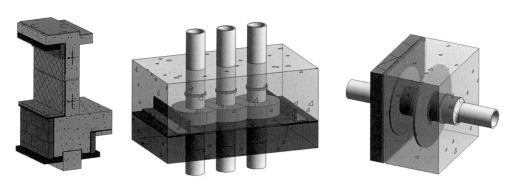

图4-2　基础承台防水、底板群管防水、侧墙防水

共享参数的设置，在原有的长度、尺寸、面积的基本参数基础上，增加了材质信息、供应商信息的输入，并且形成明细表统计。此项技术在防水施工材料统计上，形成了多维数据支撑（图4-3）。

图4-3　材质参数的设置

2. 防水模型出图

使用1:1的建模方式，完整反映了防水工程的范围及工作量，而且在模型中可以审阅每一层的材料，此做法加快了防水工程交底的流程，避免了遗漏。这样却带来了一个新的问题，模型直接剖切的立面没办法清晰地体现防水层，因为实际的1.2mm厚格雷丝PV100预铺设防水卷材在1:1的模型中非常薄。原有的二维图纸所展示的详图是不等比例放大体现关键防水层的，因此需要对防水族库进行升级，在族中植入二维符号，使得在三维审阅时每一层都是实际比例关系，而在剖面详图中显示的是调整过比例的二维符号，这样原本1.2mm厚薄薄一层的防水卷材也能明确显示。

3. 工程量统计

因为在整体模型中插入的节点族有提前预设的共享参数，所以可以统计出整个单体所用到的所有材料的数量、面积、长度等信息，并且供应商信息也包含在内。这样提前根据模型对所有防水材料进行统计后，就避免了防水范围的缺漏和材料统计的错误，而且提前考虑到现场的相应余量，避免了耗材的浪费。

4.1.2　混凝土工程与多专业间数字化深化设计技术

由于主题乐园工程涉及相关专业众多，决定了其深化设计的重点是众多专业与专业间的整合。所以在混凝土工程深化设计中使用三维正向设计，通过不同专业的整合工作，发现多专业间协调问题，直接利用三维发现并解决传统二维无法发现的协调、深化问题。

1. 混凝土结构留洞深化

主题乐园的建筑有展示、演艺、餐饮、游艺等综合功能，其内部管线的数量和专业类别是非常多的，并且布置复杂。由于主题乐园建筑的墙体多为钢筋混凝土墙，所以存在大量管线穿结构的情况。因此，主题乐园的混凝土深化设计的主要目的是为不同专业的管线留洞进行综合深化。图4-4是某个立面开洞加固立面深化图。

在混凝土完成不同专业的碰撞之后，会在原结构图纸上增加若干为管线预留穿越的洞口，例如图4-4中墙体留洞都是根据相关专业碰撞之后，在原设计墙体上增加的洞口。在深化设计过程中，还需要针对每个留洞的具体情况进行加固设计，确保整个结构开洞的安全性。

为改善传统做法协调低效的情况，在主题乐园项目的结构留洞深化上使用了数字化的方式进行提资协调。首先机电管线进行模型综合，提资给结构深化，结构模型碰撞之后做合理化调整，模型中确定留洞位置，结构深化设计出图，由原结构设计审核、确认。

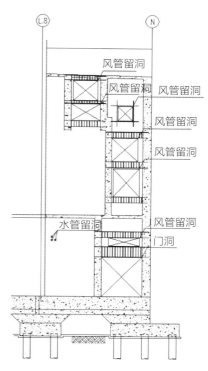

图4-4 立面留洞布置深化图

全流程采用了数字化留洞协调手段，结构深化设计考虑洞口的合理性，机电深化设计考虑管线的合理性，有效减少了协调的次数（图4-5）。

2. 钢结构埋件与混凝土结构的整合

钢结构埋件与混凝土的整合也是主题乐园图纸深化中比较突出的一部分，大量钢结构埋件的位置是设置在混凝土异形面上，需要在满足钢结构受力同时，利用模

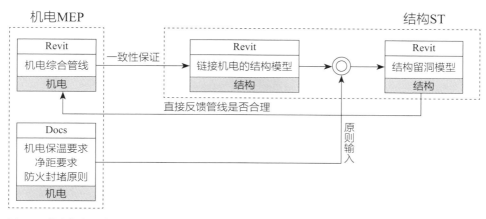

图4-5 数字化留洞流程图

型可视化，优化埋件的位置和节点形式。例如，主题乐园的假山造型的主体结构为异形混凝土结构结合钢结构构成，因此大量的钢结构埋件需要预留在异形的混凝土结构上，以常规图纸深化流程，根本

 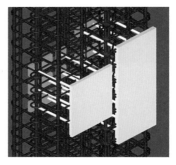

图4-6　深化过程中的埋件形式　　图4-7　深化之后的埋件形式

就无法完成埋件的设置和施工。项目结合混凝土模型，合理设置埋件位置，与机电管线专业进行碰撞检查，最终确定位置后，再根据具体埋件位置，调整合理的锚固形式（图4-6、图4-7）。

图4-6为按原设计节点，在混凝土柱中设置的双面埋件。在施工过程中不便于施工，埋件在钢筋绑扎后放置时，需要割除此范围所有碰撞钢筋，之后再焊接补足；埋件在钢筋绑扎前放置时，需要在钢筋绑扎过程中搭设临时支架。然而两种方式对于施工的工期、混凝土受力性能影响都非常大。

本案例中，通过节点深化，通过模型空间分析钢筋净距，将端部大锚板分割成多个几何形状可通过钢筋间距的锚定板，便于现场施工。

3. 大型游艺设备埋件精确定位深化

在主题乐园的理念里，游艺设备（Ride）、演出布景（Show）、建筑单体（Facility）是构成主题乐园的三个要素。同为游乐场，主题乐园和普通游乐场区别也就在于Ride和Show能够与Facility紧密结合。Ride是主题乐园的核心所在，是建筑和演出布景服务的对象。因此作为直接连接游艺设备支架的埋件施工，最大的特点就是精度要求非常高。

例如：矿山飞车所有立柱总共需配套安装343套螺栓埋件（图4-8）。

螺栓埋设是为起伏蜿蜒的游艺轨道服务的，所以埋设精度要求极高。设计图纸中螺栓的垂直定位信息显示为结构面

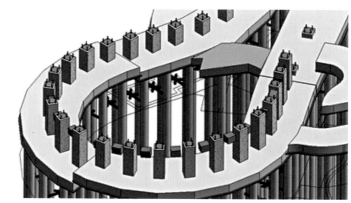

图4-8　轨道柱游艺设施埋件

一定高程，需要将螺栓模型整合并导入结构模型，精准叠合完成后提取螺栓点位的绝对高程。

另外，由于现场场地以及结构限制，无法采用原定位系统，无法根据轴线进行埋件定位以及复测、复核，且常规的测量方式无法满足精度要求。因此必须根据现场实际情况，在模型中分区域设置坐标体系，每个坐标系统内，设置高要求的全站仪基站，基站需要在结构的前中后期保证对埋件及轨道的通视。于是利用三维数字化技术，在模型中设置了三处测站点，并通过测站点的相机视图，观察每个区域游艺埋件的通视情况，对测站点定位进行有依据的位置调整，最终确定三处测站点的位置，用于现场施工（图4-9～图4-11）。

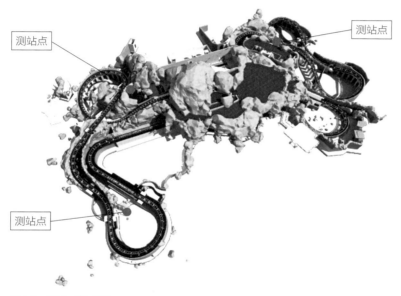

图4-9　测点三维布置

图4-10　测站完成照片

图4-11　游艺螺栓埋件浇筑完成照片

4.2　混凝土模板工程数字化加工技术

主题乐园结构工程体形复杂，常规的模板排架平面的方案已经无法指导施工，于是采用了数字化的模板设计加工技术以及排架数字化定位技术。在保证模型互通性的前提下可生成和输出各种模板平面布置图、拼装详图的标准图纸，解决了复杂异形结构定型模板的深化、加工、定位的难题。利用三维模型可视化，对支撑排架进行水平及标高定位，帮助现场混凝土进行模板支设。

4.2.1　复杂异形结构的模板体系数字化加工技术

在梦幻世界的中央有着一条人工航道称为晶彩奇航——魔法泉之旅，又称为400B。晶彩奇航航道墙体由连续不间断的弧线形组成，在设计中为模仿天然航道，每一分段的间隔不一，弧形的圆心位置、半径大小各异。航道墙体弧形定位由上千个坐标点位确定（图4-12、图4-13）。

由于航道墙体弧度变化繁多，无法使用传统木模板现场拼接完成曲面控制，因此采用BIM数字化辅助模板深化设计，进行数控弧形钢模加工，确保弧形墙体模板支设造型、位置及几何尺寸精度。在质量上定型钢模深化精度的提高，解决了模板拼缝不严、与混凝土面接触不密等问题。

进行数字化的模板深化需要考虑的关键点在于：①以坐标定位为主的结构图纸标注，模板加工厂家无法确定加工的尺寸大小，需要将坐标注释转换为三维实体进

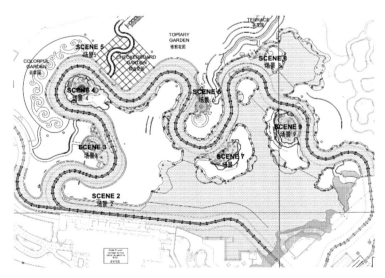

图4-12　魔法泉之旅平面图

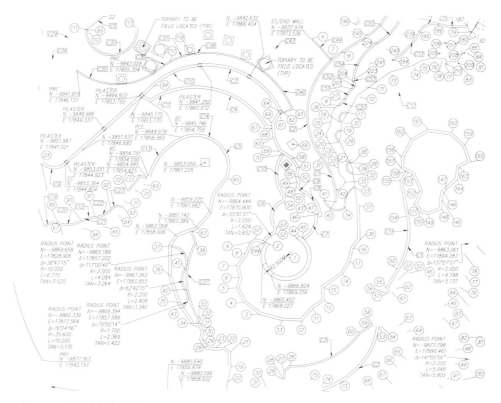

图4-13 墙体坐标定位图

行几何注释。②将施工模型进行格式转化，使得模板加工厂设备可以读取模型数据。③模板分块深化，满足现场施工搬运方便。

首先建立航道模型，将曲线形墙体通过不同弧度不同圆心进行分段，区分同一圆心不同弧度，不同圆心同一弧度的墙体。再根据单独的墙体进行模板设计，考虑合理分块大小，做到现场搬运搭设方便（图4-14）。

图4-14 400B 7和10区模型切割

为了与加工厂Solidworks软件形成信息交换，将Revit格式的模型导出成模板加工厂能够读取的Solidworks模型。选用ACIS作为几何内核，可以高效地进行三维几何形体的参数化建模和编辑，并能导出拥有拓扑信息和体数据的"Sat""Sab"体模型文件，选择所有零部件导出装配图。采用SAT数据接口进行数据交换，较Solidworks通用的IFC格式的数据接口完善，保留了异形几何体分块后的构件化信息。不需要在模板设计软件中重新建立模型（图4–15）。

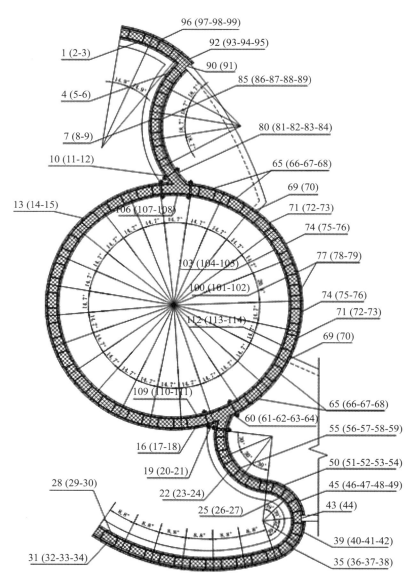

图4–15　400B螺杆定位

400B变弧形挡土墙根据不同圆心分段，根据模型分段半径控制点提取，确定定型钢模的分块。

在模板生产、预拼装模拟阶段，工厂将放样的数据信息输入数控切割机，进行切割落料。之后根据模型中确定的对拉螺栓孔位在钢模面板上提前开洞，再弯曲成型。在模板厂对模板进行预拼装，根据BIM模型对模板尺寸进行检查，检查无误后，在模板上贴上事先排定的编号运送至现场。复杂异形结构中

图4-16 多块模板工厂预拼装

的模板体系数字化，加快了复杂变弧度墙的施工工期（图4-16、图4-17）。

4.2.2　旋转楼梯模板数字化排布技术

对于部分异形混凝土结构现场无法定位的问题，在常规的施工措施中结合数字化定位技术，以确保主题乐园异形混凝土的最终效果的呈现。例如在主题乐园酒店

图4-17 现场照片

主楼中的旋转楼梯，楼梯曲面结构形式复杂，传统方式无法完成混凝土的定位，只有借助工程数字建造技术，通过模板排架辅助现场施工管控（图4-18）。

在工程实施前借助数字建造技术，采用Catia软件进行旋转楼梯模板排架深化模拟，用以明确排架搭设形式及排布方案。针对旋转楼梯的结构特点，重点建立螺旋楼梯结构BIM模型。通过BIM模型模拟工程测量方案，获取各关键点位的坐标、高程信息，帮助现场对结构进行精确放样。通过结构模型在Catia中展开，获得模板平面定位位置，解决传统施工方法在异形结构上的定位难题。

图4-18　旋转楼梯照片

首先通过旋转楼梯结构信息确定模板底层排架支撑杆合理的位置及标高信息，在三维模型中，空间展开实体模型，利用剖面将复杂的螺旋形造型分割成两个连续向上连接的剖面，再将两个剖面组合，形成展开图纸，利用尺寸标注，在每隔100mm的横向距离上标注模型的底标高，在三维模型中对模板底层支撑排架杆件完成精确定位（图4-19）。

其次依据模板排架方案及相关技术标准，明确排架的排布及搭设形式，完成整体排架搭设的三维深化，确定各杆件排布的位置及标高信息，指导现场施工，确保排架搭设的准确性（图4-20）。

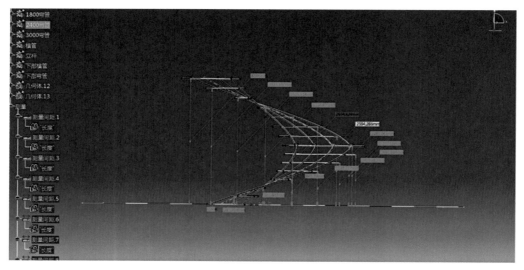

图4-19　Catia中旋转楼梯底标高测量

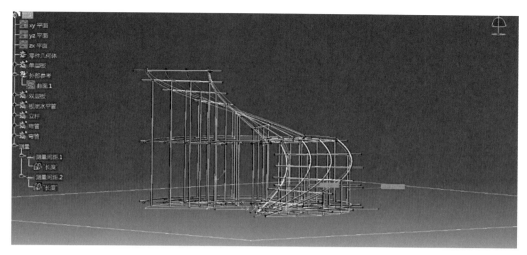

图4-20　空间排架布设

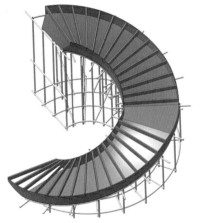

图4-21　模板排架模型

图4-22　现场完成照片

　　进行模板的定型加工及现场拼装，成功解决了旋转楼梯模板排架搭设的工程施工难点。

　　最后根据旋转楼梯结构形式对模板排布进行深化模拟，确定底模、侧模、楼梯隔板等规格尺寸以及空间位置信息（图4-21、图4-22）。

4.3　混凝土工程数字化施工管理技术

4.3.1　混凝土工程三维扫描控制技术

　　三维扫描技术的应用作为数字化质量检测的新手段，在主题乐园项目上，利用此项技术将扫描模型与设计模型进行比对，完成了混凝土施工偏差精细化检测，为后道工序如装饰的深化调整、安装管线的深化调整提供数据。

以城堡为例，在混凝土工程浇筑完毕后，要进入内部机电管线安装、外立面GRC构件次钢施工等后道工序。需要进一步得到混凝土偏差的数据，以预先检测城堡外立面预制的艺术构件能否正常挂接，以及预留好的洞口与机电管线是否存在偏差。传统的人工测量使用的是以点带面的方式，面对城堡的造型结构，立面进出关系复杂，需要布设成百上千个特征点，测量工作量大。于是项目应用三维扫描技术得到数字化的建筑物表面点云信息，并与BIM施工模型进行三维比对，快速得到偏差数值，更精确、直观地发现实际施工与模型之间的差异，给后道工序提供了详实的数据基础，以便于及时调整，减少偏差而造成的返工。

三维激光扫描可分为前期准备、数据采集和数据处理3个部分。在前期准备阶段，应根据扫描仪扫描范围、建筑物规模、现场通视条件等情况规划设站数、标靶放置、扫描路线等。以便于快速、高效、准确地采集数据，并且合理的测站数及标靶放置也能有利于后期数据处理中的降噪及数据拼接。数据采集阶段，在施工现场架设仪器进行扫描工作。数据处理阶段是最关键的部分，包括点云生成、数据拼接、数据过滤、压缩以及特征提取等。杂点的处理、点云模型与施工模型叠合的精确情况直接影响三维扫描的报告质量（图4-23）。

扫描得到的"点云"成果是包含点的三维坐标及颜色属性的点集合，在数据处理时进行点云模型与BIM施工模型的叠合才能出具分析报告。三维点云分析报告有两种：一种是热力图显示扫描偏差，另一种是点云模型与BIM施工模型对比显示叠合偏差情况。热力图在显示时基于施工BIM模型，通过不同区间的颜色反映偏差情况，能够直观地定性观察。点云叠合显示是在显示时将两个模型叠合在一起显示，能够定量地分析具体偏差。

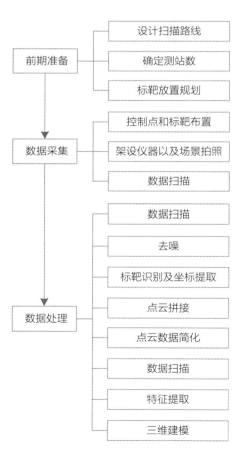

图4-23 三维扫描操作流程

以城堡结构某一立面为例,三维扫描采用的设备为Leica HDS6000,主要对比该立面结构表面平整度及几何形状与施工模型偏差。如采用传统测量方式,受测量工具及效率的限制,水平、竖向测点间距均不大于2m(图4-24)。

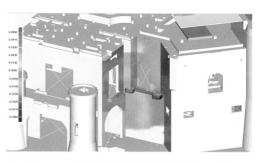

图4-24　Leica HDS6000组点云模型定性对比照片

在外立面结构造型比对时使用热力图对比。用测量点云模型与施工模型对比,进行全面的定型分析。双方位置信息数据无偏差为绿色色段,正负偏差极值设定在±5cm。由以上热力图数据显示,该结构立面主要存在一些1cm左右的结构正偏差,顶部存在一些微小的负偏差。无极大偏差,在外立面GRC构件次钢结构可接受范围内。

图4-25　点云模型检查现场结构梁位置偏差

除了热力图比对显示,还有点云模型与实体模型拼接对比。在对浇筑完成的内部结构做质量检测时,通过3D扫描仪对建构物进行点云数据采集,经过3D处理软件,形成点云数据,根据形成的模型,在统一坐标系下经过角度旋转等处理手段,进一步贴合原结构施工模型,形成偏差对比模型。为设计准备穿梁的管线提供有效的数据支撑(图4-25)。

在混凝土施工质量检测时,利用数字化三维建模与重构应用对比原理,通过高速三维扫描,能快速地获取建筑物的实测数据,可以直接实现各种大型、复杂、不规则、非标准的实体或实景三维数据完整的采集,进而快速重构出实体点云数据。它克服了传统建筑测量的局限性,把以点代面的测量方法改变为全局性的整体测量,解决了人工测量时精度低、效率低的难题,尤其解决了建筑立面元素无法量测的难题。通过对建筑物进行整体扫描,能为后续的数据处理提供丰富的源数据。

4.3.2　预制混凝土构件数字化施工控制技术

主题乐园核心区南入口公共交通枢纽工程(南PTH项目)采用预制清水混凝土构件,共计52个型号425块构件。平均重量3.8t,最大重量6.23t。在此应用了预制混凝土数字化安装定位技术,将BIM模型导入平台,并将构件或设备模型的二维码打

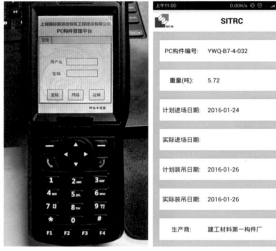

图4-26　预制PC构件二维码示意图　　图4-27　预制PC构件二维码扫描信息

印后在生产进场前粘贴在构件或设备以及外包装上，方便施工人员在现场确定构件或设备的安装位置或堆放位置（图4-26、图4-27）。

在PC构件实际管理中，项目存在构件数量多、生产进场时间控制严、质量要求高的特点。结合之前的BIM模型，利用物联网技术，打造了在线的PC构件管理平台（图4-28）。

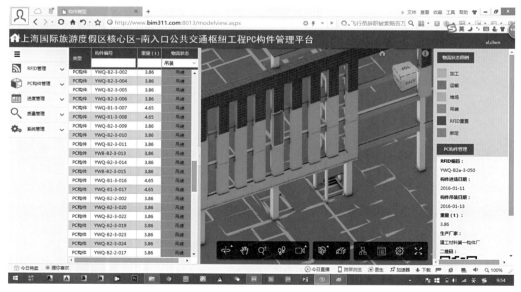

图4-28　主题乐园核心区某公共交通枢纽工程PC构件管理平台

平台主要搭设流程如图4-29所示。

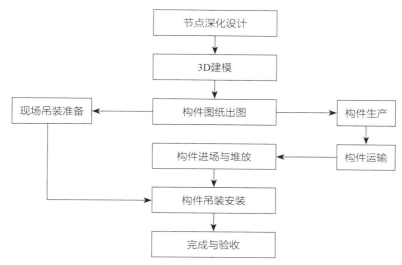

图4-29　PC构件施工流程图

在导入平台前基于前期创建的BIM模型，针对管理要求进行深化，使其包含所有需要的信息，包括按一定命名规则的唯一性命名、构件的质量、构件计划的进场和吊装时间。构件BIM模型和主体结构模型导入数据库中，对构件模型设置外部驱动参数，关联二维码信息，对构件状态更改做出响应，可以在网页上浏览。平台还整合了构件工程状态信息，针对构件生产、运输、进场堆放和吊装这四大主要节点，以不同的颜色区分，可以在模型上直接浏览，根据颜色的区分一目了然；也可以以明细表的形式查看，并比对计划时间和实际时间之间的差异，以便对计划进行调整，保证施工顺利进行。

CHAP
5

第 5 章

钢结构工程数字化建造技术

由于主题乐园建筑造型的特殊性，工程师需要克服建筑物造型复杂的难题，来为乐园的建筑物搭出严丝合缝的钢结构骨架。在混凝土的基础之上是完全依靠钢结构来完成复杂、多变的建筑造型，因此主题乐园的钢结构有着构件繁多、安装精度高、定位难度大、协调专业多的特点。在主题乐园的钢结构深化中必须考虑建筑外形的限制；在加工中要考虑安装精度的措施需求；在施工中通过模型碰撞和可视化施工模拟，加快施工进度、提高安装精度。

在主题乐园的各种造型的屋面深化中，钢结构作为屋面建筑外皮和主体结构的中间层，要结合建筑表皮设计合理的钢构支撑于混凝土或者主钢构上，传统钢结构深化连接节点是远远不够的，必须利用数字化整合深化技术，叠合建筑外形模型进行基于特殊造型的钢结构深化，同时考虑结构受力、施工需求。

对于异形钢构件的加工，主要难题是如何将深化设计与生产加工、施工控制形成一脉相承的数字化流程，从而形成更好的整体控制。针对这一难题，项目上利用基于BIM技术的钢结构数字化加工技术。使得深化设计的模型数据与钢构的排版加工设备有机结合，通过原有设计模型的数据进行快速排版、套料、加工、装配。将数字化技术直接用于钢结构制造环节，能够在建筑设计流程中提前考虑制造方面的问题，设计模型和加工详图可以同时创建，提高加工详图的速度和准确性，加快制造和安装速度。钢结构与其他建筑构件之间的协调也有助于减少现场发生的问题，降低钢结构的安装难度与成本。

在施工控制上，项目结合了数字化的施工控制技术。在前期利用钢结构受力软件进行计算和验算，让每一个钢构件施工环节都有了理论依据的保障。在现场施工操作中利用三维模型观测数据并进行测量监控，实现了高精度钢结构建造的控制，有效解决了安装精度高、定位难等难点。

5.1 钢结构数字化深化设计

5.1.1 钢结构数字化深化设计概述

主题乐园项目钢结构的深化设计过程中，除满足结构功能和建筑功能外，还需配合相关专业协调碰撞关系，并考虑构件的起吊能力。钢结构深化设计难点主要表现为：结构形式多样；空间关系复杂；节点形式、构件数量和截面类型多；加工难度大；安装精度要求高等特点，常规的深化设计方法已无法满足施工需要，因此深化设计必须结合制作工艺、安装技术采用数字化深化技术。

5.1.2 钢结构深化设计主要内容

钢结构详图设计主要采用Tekla Structures软件创建三维模型，通过模型自动生成钢结构详图和各种清单。由于图纸与清单均以模型为准，所以它保证了钢结构详图深化设计中构件之间的正确性。同时Xsteel自动生成的各种报表和接口文件（数控切割文件），可以服务于整个工程。

深化设计内容主要包括工程材料清单、结构构造设计、节点深化设计与施工详图绘制等部分。

1. 工程材料清单

钢构件材料清单：提供材料采购和预算的依据，以及加工的进度控制和管理，一般显示构件的规格、材质、长度、数量、重量等信息。

2. 构件构造设计

构件构造设计主要是根据钢结构制造和现场安装等施工工艺的要求，以及土建、机电、幕墙等其他相关专业的要求，进行构件构造深化设计。

3. 节点深化设计

结构设计图一般绘出构件布置、构件截面及主要节点构造。深化设计需对设计图纸中未描述的节点进行补充设计。节点深化设计一般包括以下内容：

节点连接计算：在节点设计时应严格按照结构设计提供的杆件内力进行计算，确定节点的焊缝长度、螺栓数量、连接板厚等相关节点参数。

节点构造设计：节点构造设计应以原设计节点为依据，结合工厂制造、现场安装工艺需求作进一步深化，比如螺栓或焊缝的布置与构造、螺栓施工施拧最小空间构造、现场组装的定位、夹具、吊装连接耳板等设计。

4. 施工详图绘制

施工详图主要包括详图设计总说明、图纸编号系统制定、构件安装布置图和构件详图等。这些内容主要通过Tekla Structures三维模型导出平面图，采用AutoCAD软件结合二次开发的辅助程序，完成钢结构的深化出图工作。

深化详图应信息完整，能用于指导工厂构件制造、现场安装实施、满足质量验收要求。在大型复杂钢结构的施工中，随着加工和安装技术的发展，数字化技术的运用越来越多。这些新工艺、新技术对施工详图的要求不尽相同，数据化是其一大特点，因此，深化详图绘制应与工厂制造工艺紧密联系起来，以满足数字化制造的需求。

5.1.3 基于BIM技术的异形钢结构的数字化设计

主题乐园钢结构深化设计较为突出的一项工作是为主题乐园众多复杂的装饰性建筑体设计支撑结构，此类附属结构依附于主体钢结构之上，设计上既要求确保已有结构的完整性不受影响，又要满足装饰性建筑结构的承重及外观需求，是一项看似简单，实际复杂的设计（图5-1）。

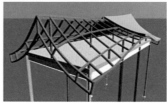

图5-1 屋面钢构造型

1. 方案模型

方案模型主要包括拟合异形装饰面结构的钢结构梁、柱等框架结构。钢结构构件参数设定原则，根据现场施工方提供的装饰面材料、荷载及外观要求确定。初始构件型材截面选择初步计算预估参数确定（图5-2）。

2. 线模型的合理运用

本项目中，线模型是由方案模型转换输出的，主要有两大应用点。首先是提供作为结构计算软件的计算框架，其次是作为深化设计模型创建的参数依据。线模型本身具有数据轻量化特点，以较小的文件容量，包含大量3D构件的技术参数（图5-3）。

进行结构计算时，从线模型中提取的是构件的

图5-2 大型主题乐园中某单体装饰屋面结构设计方案模型

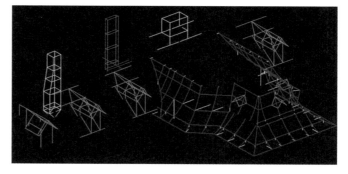

图5-3 大型主题乐园中某单体装饰屋面结构线模型

空间定位参数和构件相互连接的从属关系参数。所以在方案模型创建时就必须特别注意构件创建时的端点定位准确性，确保构件按设计要求的主次关系互相衔接。这样结构计算过程中就可以充分避免错误的发生。

进入深化设计阶段，设计人员将线模型导入深化设计软件，通过软件的智能识别功能，提取在线模型中已经标识出同类构件的定位、材质、型材截面等信息，可以方便地同步创建同类型的构件实体。

线模型创建时构件必须按设计要求准确分段。参数标识要简洁明确，最好直接参考深化设计的标识类型。单一构件统一定位原则，构件群组共用统一定位原点，便于文件的导入导出。

3. 结构计算要点

作为本项目设计的核心，结构计算的质量是决定设计成果的关键。在设计流程伊始，根据设计内容的特点制定一系列设计规则，其中包含了结构计算软件的基本操作规则和变量控制要点。

在进行结构分析时，除恒荷载、活荷载因素以外，因为屋面支撑结构与主结构部分为非刚性连接，需要平衡温度应力对结构的影响，一个有效解决办法是在满足其他荷载条件的情况下，尽可能地减小型材截面。这些荷载因素的整合计算以及平衡取值，都是通过BIM计算软件完成的。如图5-4所示，计算过程和结果都能实时

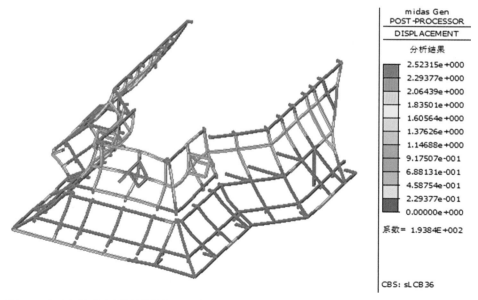

图5-4　大型主题乐园中某单体装饰屋面结构受力分析模型

生成不同颜色的3D图形，直观反映结构优缺点。另一方面，充分考虑了游乐园设施运营的特殊要求，综合了业主设计师的主导意见，在结构计算时，检验了在地域性可预见特殊气候和灾害等情况下的偶然荷载，确保了结构的绝对安全性。

下一步是经济性考量，在结构计算上优化结构布置，确定型材截面。反复衡量结构稳定性技术指标和建筑材料经济指标。在材料采购加工条件允许范围内，灵活设计钢结构构件，确保结构设计方案提供的信息在实际施工操作中切实可行。

4. 深化设计要点

深化设计的核心应用点是对构件实际加工安装因素的考量。在模型深化时，同步检查设计方案的细部可行性。比如节点施工难度、安装空间预留以及相关的经济性因素。比如在本

图5-5 主题乐园403单体装饰屋面结构节点

项目设计过程中，涉及众多异形装饰面造型，遇到大量钢结构构件不规则重叠交会、节点设计困难的问题。设计人员通过BIM软件的精确可视化操作，首先完整创建出相应的节点现状，而后从中减去可省略的结构部分，细化必需的结构，优化加工安装流程，从而创建最终的实用节点形式（图5-5）。

5.1.4 钢结构工程数字化模型整合技术

钢结构三维模型完成后，为保证与前道工序的无缝搭接（如土建结构中的地脚螺栓、埋件等），以及满足后道工序的施工要求，需把钢结构模型、机电管线模型、建筑装饰模型、土建模型采用数字化模型整合技术，检查专业间的硬碰撞和施工空间，解决专业间的矛盾。其中最有特色的就是钢结构与屋面的整合。

造型屋面是主题乐园项目建筑物的重要组成部分。主题乐园项目屋面建筑造型又包含了单曲屋面、双曲屋面、翘曲屋面和坡屋面等，全部采用钢结构搭建出屋面的造型，为匹配上部防水构造、GRC装饰等材料的施工，复杂程度不言而喻。402屋面作为主题乐园建筑单体最复杂的屋面典型，为了表现村庄的观感，整个屋面由多个几何形体拼接而成。曲折蜿蜒、形式多样，有翘曲屋面、弯折屋面，这些造型互相交接在一起。屋面交接处，只有用三维交接才能正确得出空间中的交接线（图5-6）。

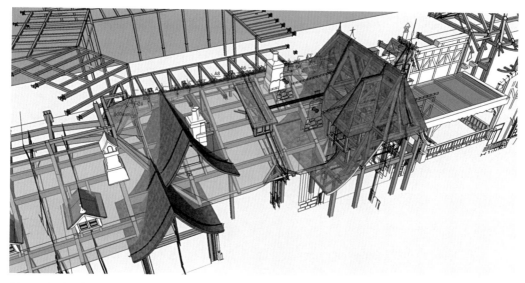

图5-6 部分整合屋面图纸与模型协调

建模时不仅需要考虑压型钢板及次钢，更要保证建筑完成面的连通、光滑。屋面造型模型与次钢构模型使用同一个基准点，在交接处进行核对、补充。以某区域交界处为例，原平面和立面反映不出某区域中压型钢板的支撑情况，根据三维模型才能发现，在该位置处压型钢板无法支撑，形成不了一个连续的平面，而且设计方不肯改变外屋面造型，为此深化设计团队考虑在原有钢结构基础上重新用次钢支撑起一个平面来满足压型钢板铺设。下一步需要确定支撑次钢的位置及压型钢板的大小。

因为屋面形状多样，衔接部分往往会有问题，高差的地方会有泛水方面的问题，形状变化的地方会有衔接不上的问题，这都需要在模型阶段予以最形象的模拟和最大化的解决。还有就是屋面层次的确定，屋面层次确定并与设计的表皮相结合后，往往会发现表皮与屋面层次衔接不上有空隙。出现这种问题的原因是设计意图与原主钢结构位置、标高、屋面层次的衔接不当。往往在相差很大的地方需要另加次钢，在相差较小的地方可以垫钢板水泥板等，应根据实际情况予以解决（图5-7）。

图5-7 水泥板屋面

5.2 钢结构数字化加工技术

与常规钢结构工程相比，主题乐园项目的总用钢量并不大，但乐园建筑的复杂造型决定了钢构件的单个构件数量之多、制作难度之大超乎想象。要在短时间内完成大量不同型号的钢构件制作，必须要提前规划钢构件生产进度、制作工艺。而数字化加工是利用已经建立的钢结构模型和先进的数控生产设备相结合对产品进行加工。将BIM模型中的构件数据转换成可以被生产设备识别加工的参数化数据。钢结构数字化加工技术包括数字化排版技术、数字化下料技术、数字化部件加工技术、数字化装配技术。这些技术的集成应用能够对钢结构深化模型信息进行实时、快速、精细化管理和准确传递，让加工设备能够针对每一个构件进行定制化加工，实现了建筑业的工业化发展。

5.2.1 钢结构数字化排版技术

数字化排版套料技术对于原料的排版进行了数字化智能编排，大大节省了原材料的使用。钢结构数字化排版技术主要是应用Tekla软件完成构件三维实体建模，应用能与内部ERP数据库对接的PDM系统导出零件清单和零件图，通过ERP中项目原材料数据库寻找最匹配、料耗最经济的钢板，自动生成材料限额单和排版图。限额单用于材料发放，排版图用于指导下料。具体操作流程如图5-8所示。

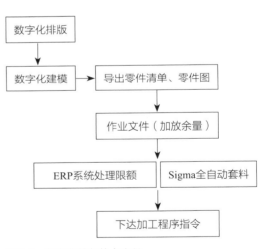

图5-8　数字化排版技术流程

从Tekla软件中导出材料清单以及零件图纸，之后作业文件根据工艺要求加放制作余量，然后根据作业文件数据在ERP系统中开出相应材料限额、Sigma软件套料、导入零件图数据。调整切割零件工艺尺寸（加放引入引出线）。最终生成套料图，导出排版图以及切割指令用于加工。以上数字化排版技术利用排版软件的功能实现零件双枪、共边、桥接等切割方式，极大地提高材料的利用率及零件切割的工作效率。

5.2.2 钢结构数字化下料技术

零件的加工质量直接影响后续的构件组装质量，切割下料常见的质量问题有切口质量不良、尺寸不符。为了使得钢结构构件质量更高，项目采用了钢结构数字化下料技术，即数字化数控等离子切割机进行零件板的下料。该技术能将零件的切割精度控制在0.5mm以内，为后续的零件钻孔加工及组装奠定基础。另外对于需要钻孔的工艺，采用数字化数控平面钻进行节点零件的钻孔加工，为此使用了钢板加工中心。这个中心是集零件钻孔、打码、切割为一体的高效数字化加工设备，不但能极大提高加工效率，而且能确保组孔的加工精度，从而推动了零件的数字化加工。具体操作流程如图5-9、图5-10所示。

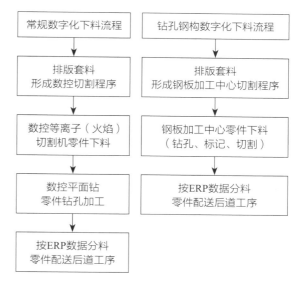

图5-9　数字化下料技术流程

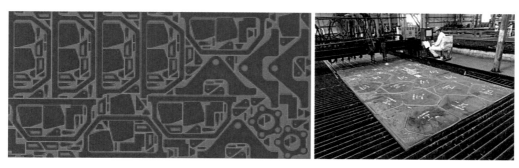

图5-10　节点零件的加工排版

5.2.3 钢结构数字化部件加工技术

部件加工指型钢和钢管的加工，在钢结构数字化加工阶段，直接从BIM模型中提取零件的属性信息（材质、型号）、加工信息（尺寸、孔洞）等原始数据信息，同时从Tekla信息中提取所需的材料信息，并根据实际使用的数控设备选择不同的数控文件格式，对结果进行输出。项目利用钢结构数字化部件加工技术，对于钻孔部件，采用数控H型钢三维钻及数控型钢带锯组成的型钢部件数字化生产线，通过从模型导出型钢钻孔数据，根据型钢排版将钻孔及切割成型进行组合，将程序导入三维钻及带锯，实现型钢的流水化加工，不但能避免人工划线、钻孔导致的偏差，而且能成倍地提供型钢加工效率，其具体操作流程如图5-11所示。

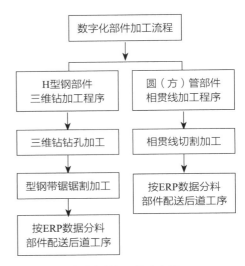

图5-11　数字化部件加工技术流程

部件加工之前需要详细地处理从模型导出型钢部件的NC数据。对型钢编程软件的基础参数根据项目需求进行设置。使用型钢编程软件进行数据整理，主要包括删除肋板数据、根据结构形式添加余量、添加收缩余量、对超出原材料长度的构件进行程序拆分等，获得部件加工程序。使用软件组合功能，根据库存材料设置用于加工的型钢长度，根据排版选择处理完成的NC程序进行组合，获得用于三维钻加工的组合程序。最终三维钻机床读取程序进行加工，完成型钢三维钻自动化钻孔加工（图5-12）。

对于钢管部件有大量圆管相贯的Tky节点，为提高相贯口的切割精度及质量，使用数控相贯线切割机进行数字化相贯口的切割。从Tekla模型中导出需要进行相贯线切割的部件信息。利用相贯线编程软件直接从结构模型中读取部件信息，使用相贯线编程软件的套排功能，结合原材料尺寸，进行管件的套排并生成切割程序。将程序传递给相贯线切割设备，达到管件数字化加工的目的（图5-13、图5-14）。

图5-12　数控加工设备

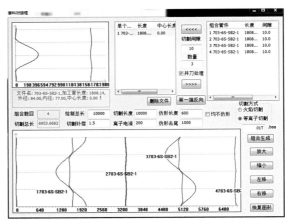

图5-13　管件的套排并生成切割程序

图5-14　圆管切割

5.2.4　钢结构数字化构件装配技术

加工完成的钢结构部件在运送到现场安装前，需要装配成型。项目应用数字化构件装配控制技术，应用模型数据与全站仪胎架控制的方法，方便有效地在工厂完成装配焊接。以钢塔装配为例，梦幻世界401奇幻童话城堡共有10个钢塔，最大塔高27m、宽4.1m，整体重量约23t，塔呈正八面体结构，由H型钢、角钢、矩形管、方管等组成。如此密集的钢梁、钢柱、斜撑组成的空间钢结构在进行装配的时候无法直接通过二维图纸信息进行放样焊接。与普通胎架不同，胎架呈四边形，在每一边方向的中间位置，增加了两个控制点，就形成了八边形的造型控制点。而且在同一框架上焊接钢塔的角点可以控制塔段的平整度，使得塔段八个角水平，塔段与塔段之间拼装成27m的大塔时不会产生倾斜。图5-15是数字化构件装配流程。

提取出模型中塔的截面尺寸，钢塔角部的位置，通过换算得出胎架图及胎架布置图如图5-16、图5-17所示。

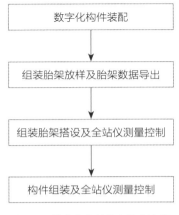

图5-15　数字化构件装配技术流程

图5-16　奇幻童话城堡整体结构图

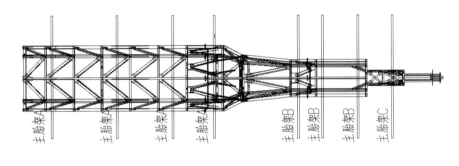

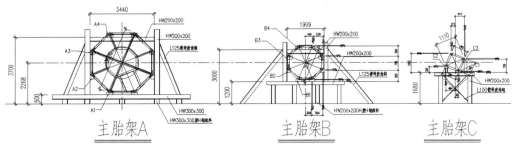

图5-17 胎架设计图

　　运用全站仪对胎架的关键控制点进行放样，搭设立体胎架准确定位每个搁置点。通过全站仪测量的方式控制胎架的平整度，控制在3mm以内，有效确保了构件的组装精度。在钢结构部件焊接装配的时候，始终使用全站仪进行整体组装检验及测量控制（图5-18）。

　　将第一分段、第二分段和第三分段形成组件的面在同一水平面上整体制作，法兰连接处用螺栓拧紧后焊接，减少焊接引起的变形。组件镀锌后，四个面在胎架上搁置固定，装配其余的散件。一、二、三分段组装好后装配第四分段和副塔（图5-19）。

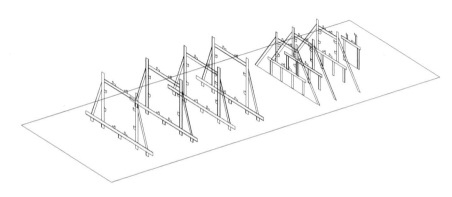

图5-18 胎架布置图

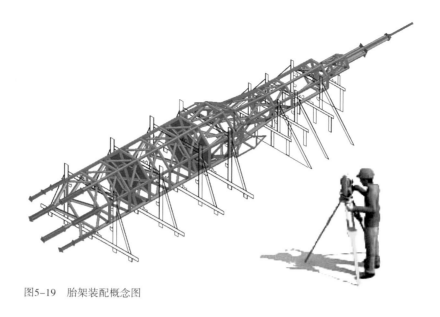

图5-19　胎架装配概念图

5.2.5　钢结构制作数字化管理技术

通过采用钢结构条码管理系统，跟踪构件制作加工进度及检验情况，提供全方位、可靠、高效的动态数据决策依据，实现制作工序的信息化、规范化与标准化管理。

条码信息通过采集器收集，可在工厂、外场、施工现场等进行数据上传工作，回传后的数据实时同步至ERP系统中。有效降低人力、物力、投入成本，图5-20为条形码管理流程图。

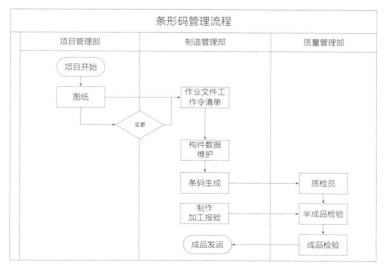

图5-20　条形码管理流程图

钢结构制作数字化管理技术为了反映钢构件产品的生产进度，开发了成品生产监控系统，通过在不同阶段扫描条形码来获取构件当前的生产进度。

首先从作业文件导入构件清单，在成品监控系统中为每个构件生成唯一条形码，通过在不同生产阶段扫描条形码来反映构件当前的生产状态。定义需要管理的构件状态为：构件制作未完成→（本体）制作完成→油漆完成→入库完成→打包完成→发运完成。为每个工厂的以下工序节点配备条形码扫描设备：构件制作完工检验→构件油漆完工检验→构件产品入库→构件产品发运。再打包处理节点维护箱包与构件的关联，每个箱包条码与一件或多件构件相关联。当工序节点的扫描设备扫描了构件对应的条形码，表示该构件该节点工作完成。其中在构件发运环节，扫描的是构件对应的箱包号。通过智能条码设备GPRS接口，定期发送采集的数据至成品监控系统。在成品监控系统中可按项目或构件查询构件生产的进度完成情况（图5-21）。

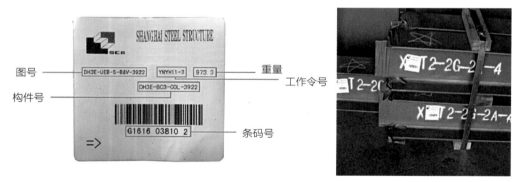

图5-21　钢结构二维码条码管理

5.3　钢结构数字化施工技术

5.3.1　高耸装饰塔数字化整体施工技术

高耸的塔尖是主题乐园城堡建筑的标志之一，塔位于城堡的顶端，且数量众多（8座）、形状各异、造型复杂多变、高低错落有致。每一座塔都被GRC装饰性艺术构件包裹着，形成了主题乐园城堡的标志。钢塔分段之间采用法兰板连接，钢塔与预埋件采用焊接连接。施工时由于塔身巨大，无法通过整体吊装完成。考虑到八个塔采用主体钢结构+ GRC的艺术构件外饰面的构造特点，GRC是单元式的产品，可以依据外立面的造型来进行单元的分割，塔身内部结构可以对柱子进行分段。因此，制定了"分段整体吊装"的安装路线，即对塔身进行分段，在地面上进行每段的GRC安装和内部的机电施工，然后分段整体吊装就位，分段区域GRC在高空后装的施工工艺（图5-22）。

1. 基于BIM技术的数字化钢塔分段技术

城堡顶部每个塔身的外观各具特色，塔身的分段需综合考虑结构和外装饰GRC构件的自身特点，满足建筑外观效果，尽量减少塔身的分缝。分段点需要位于GRC外形变化之处，且每一个分段的总重量不得超过塔吊的起重限制。

7号塔是城堡上方最大的一个塔，整体重量约22.9t，高27500mm，宽4100mm。此塔最具代表性，为了能够

图5-22　城堡顶部钢塔分部图

真实反映7号塔受力情况，需要根据实际情况三维建模，通过受力计算进行数字化钢塔分段分析，考虑包括塔吊装反力、杆件应力、构件变形等三个因素，从而判断塔在吊装过程中是否安全可靠。采用Midas软件模拟吊装计算，得出每段在吊装时的整体稳定性、受力情况以及分析吊点挂钩位置的选取。最终确定7号塔分四段吊装的方案。

因整个塔在吊装前已完成外立面装饰工作，故吊点的设置存在较大障碍，分段二吊点设置于立柱之上，采用四点吊装，在吊装过程中，吊点最大反力为3.7t，作用于立柱上，此时，钢结构应力值小于设计强度，处于安全状态。分段三的四个吊点设置于大塔尖斜向立杆处，一个吊点设置于小塔尖顶部，采用五点吊装，在吊装过程中，吊点最大反力为3.6t，作用于斜向立杆上，此时钢结构应力值小于设计强度，处于安全状态。

根据吊点、分段点的布置，在Midas软件中，通过不同分段处叠加荷载的方式，模拟钢塔已安装好的GRC构件。通过计算分析，首先计算出塔吊装反力的情况，判断是否与吊装总重相当、吊装荷载量是否符合起重量的要求（图5-23）。

由图5-23分析结果表明，分段二各吊点最大反力值为1.9t，总反力值为7.6t；分

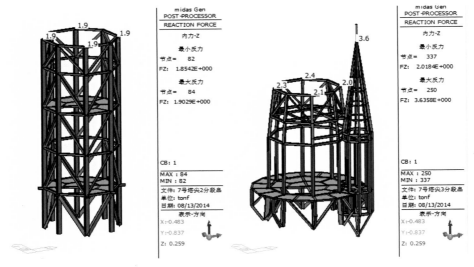

图5-23　分段二、分段三吊装反力

段三吊点最大反力为3.6t，总反力值为12.4t。

结构钢材采用Q345B，材料设计强度值为310MPa。分析结果表明，吊装过程中，每一段的结构总体最大应力值最大为91MPa，故在吊装过程中处于安全状态（图5-24）。

7号塔尖各分段在吊装过程中，其结构立杆底部的水平变形值仅为0.8mm，不

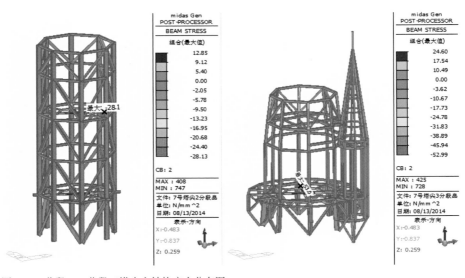

图5-24　分段二、分段三塔尖主结构应力分布图

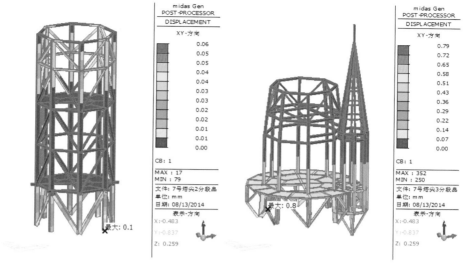

图5-25 分段二、分段三塔尖变形分布图

会影响柱脚对位安装，该数值表明，环向钢梁大大提高了斜柱的侧向刚度，对斜柱的变形起到了可观的约束作用（图5-25）。

通过计算，所有钢塔在吊装过程中吊点反力、构件应力、构件变形等均满足施工要求。因此综合考虑外观造型、外装饰材料GRC的制作分段和GRC的重量、运输、现场施工以及吊装总的起重量等情况下，共分成四段。由于第二段外立面设计要求比较高，在标高43.31~50.66m处的GRC不允许水平分段，此处GRC要做成整体单片板，单片板重近1t，加上此段主钢重达7t，因此，该分段钢结构和GRC总重超过塔吊起重能力，此段钢结构单独吊装到位，所有GRC全部高空安装（图5-26）。

图5-26 7号塔现场分段吊装图

2. 基于BIM技术的塔吊数字化选型和布置分析

由于城堡顶部专业施工单位较多，空间狭窄，工况复杂。为保证城堡顶部钢塔的正常吊装施工，需在城堡的顶部布置一台塔吊，该塔吊能够覆盖所有塔尖，起重量能够达到施工实际之需要，且该塔吊在工作状态下还需要满足结构安全的需要。塔吊布置前采用了基于4D技术的塔吊数字化选型和布置分析，确保塔吊工作状态转动的过程中不受周边环境的影响，同时满足其他专业单位的正常施工。模拟测试主臂覆盖城堡顶部，满足吊装半径要求，同时通过主臂垂直方向转动，满足塔身高度方向的要求。塔吊碰撞检查以及堆场位置如图5-27所示。

最终采用ZSL380动臂式塔吊。施工作业时要考虑塔吊旋转避开已吊装到位的塔楼。塔尖吊装阶段，正是各个专业施工的高峰期，通过4D模拟组织好380塔吊的回转半径，在施工安排上最高的7号塔尖一定要在4号、6号的最后一段吊装前完成。注重动态协调随着时间关系而发生的碰撞（图5-28）。

最终确定塔尖1~8号吊装流程按照"由远至近，由低至高"进行，塔尖吊装顺序为4号、2号、6号、8号、3号、5号、1号、7号。

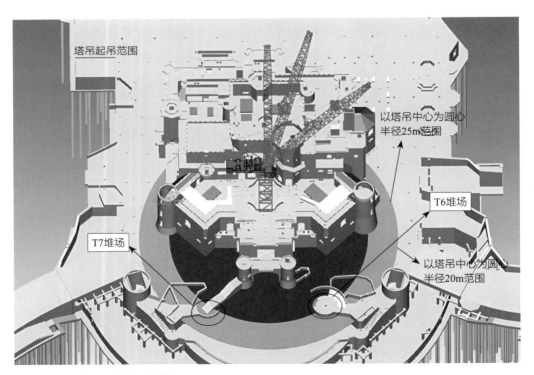

图5-27 塔吊布置碰撞检查示意图

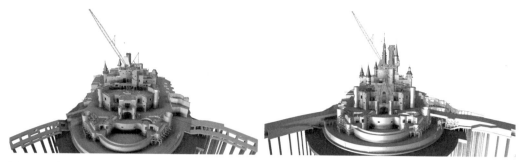

图5-28　塔吊动态碰撞检测

5.3.2　高精度游艺设备钢结构数字化施工技术

主题乐园给游客体验感最深的就是乘坐游艺设备在演出布景中穿梭。形式多样的游艺设备对安装精度要求也非常高。游艺轨道自成一体，每一段的微小误差都可能影响到最后轨道的合拢。于是在游艺设备钢结构安装时使用了高精度数字化施工技术，用高精度的测量仪器对吊装焊接全程监测。

作为主题乐园梦幻世界最有难度的游艺设施——小飞侠天空奇遇游乐设备，轨道总长约245m，每段轨道有1～2个吊杆，每组吊杆单元由1个轨道吊杆和2～4个斜撑组成。吊杆与斜撑最终都固定在屋面钢结构系统上，斜撑不规则分布，会有一个轨道吊杆的斜撑连接几根不同主钢梁的情况。每个设施连接法兰的中心与原点在水平面上最大偏差不可超过12mm。为满足游乐设备系统的安装，必须保证上部游艺钢结构轨道吊杆单元的位置精确（图5-29、图5-30）。

主钢梁

轨道吊杆及法兰盘

游艺设施轨道

游艺行车

结构底板

图5-29　游艺轨道与吊杆剖视图

1. 游艺设备钢结构数字化施工控制

由于主题乐园的特殊要求，轨道吊杆与钢梁不允许在现场焊接。这意味着涉及游艺设备的所有钢结构全部采用工厂焊接，并且需要钢

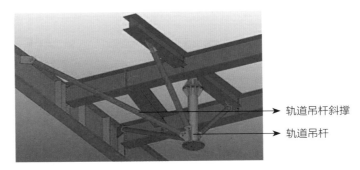

图5-30　轨道吊杆单元连接位置模型图

梁进行预起拱加工处理，在屋顶加载后，起拱值恢复到水平状态。在这样的要求下如钢梁设计起拱不能复原到水平状态，将造成与钢梁相连的吊杆法兰平面中心偏移，无法满足设计法兰板中心点允许误差，法兰平面度跟随钢梁起拱值倾斜（图5-31），将使得钢梁上与斜撑连接的劲板偏位，造成斜撑无法安装（图5-32）。

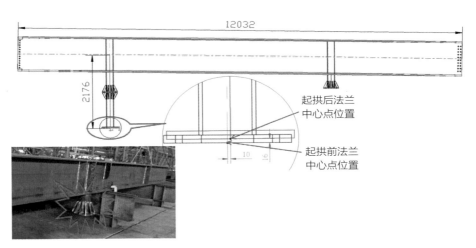

图5-31　钢梁起拱后吊杆法兰板偏位放样图

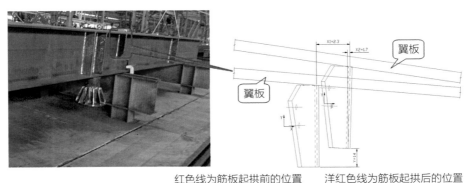

图5-32　钢梁起拱后劲板偏位放样图

面对上述安装难点，项目在钢结构施工前就对钢结构轨道吊杆安装使用数字化模拟。钢结构加工完毕后，通过对钢构件关键控制点的三维测量，采集构件影响施工的实测三维坐标，在模型特征点建立定位参数，如图5-33所示，通过在电脑中对实体模型做虚拟预拼，检查实际施工过程是否满足构件的安装精度。经过多个吊杆单元的验证，构件按设计起拱后，发现吊杆法兰板中心偏位且平面内精度无法满足下部轨道精度要求，与斜撑相连的劲板角度发生变化，造成斜撑的两端不在一条线（图5-34）。

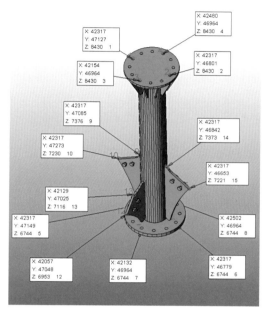

图5-33　理论位置

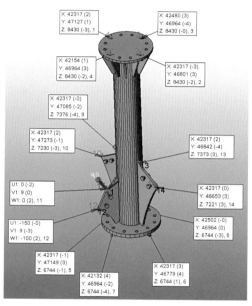

图5-34　焊后位置

为保证现场顺利安装，利用模拟结果与设计师沟通。修改现场施工方案，将钢梁下端吊杆和支撑端部组件的工厂焊缝改为现场焊缝。构件加工时，吊杆及斜撑杆件端部预留50mm，作为现场安装的余量，现场实际测量后，根据结构的实际数据对余量切割进行调节（图5-35）。

2. 数字化高精度结构施工质量控制

屋面梁安装完毕待屋面荷载加载到位后，实测钢梁起拱的恢复情况，根据实测值把轨道吊杆顶部连接件临时固定在钢梁上，待轨道吊杆安装完毕后，测量吊杆底部法兰的中心坐标，待测量数据满足设计要求后，安装斜撑杆。整个轨道吊杆系统安装完毕后，焊接轨道吊杆顶部连接件和斜撑的端头，焊接质量与原设计一致。

为保证钢结构与游艺设备连接处法兰板的施工精度，采用"逆作法"施工工

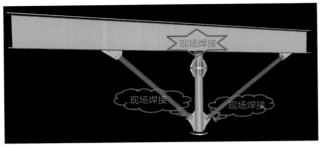

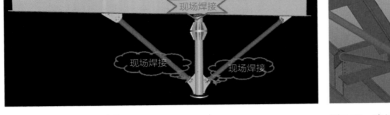

图5-35　吊杆现场焊接位置　　　　　　　　　　　　　　图5-36　法兰测量观测点示意图

艺，通过对游艺设备与下挂体系节点的最终精度定位，逆向控制下挂体系终端法兰板的精度。

（1）定位基准点设置

为确保吊杆法兰盘最终的安装精度，根据结构特点，在法兰盘侧面边缘设置了四个定位基准点。如图5-36所示，在吊杆法兰盘底部作十字线，将十字线与法兰边缘交点作为定位基准点。在吊杆安装和焊接过程中，只需控制基准点的空间三维精度，即可保证吊杆的整体安装精度（图5-37、图5-38）。

（2）测量方法

根据施工现场已设置的控制网，在钢梁底部放样吊杆定位十字线，在吊杆安装时，首先将吊杆顶部钢管与十字线对准，即可完成吊杆的根部定位。再使用高精度全站仪，测量吊杆底部基准点的三维空间数据，进行吊杆法兰盘的空间姿态调整，待基准点精度满足设计要求后，将吊杆临时连接固定。

图5-37　定制的测量标靶　　　　　　　　　　　　　　图5-38　放置测量标靶

（3）全过程控制测量保证吊杆的最终精度

根据吊杆结构特点选择了有效的焊接方法，尽量减少焊接因素对结构整体精度产生影响。但由于焊接自身的特点，吊杆在焊接过程中不可避免地会发生一定的微变形。因此，在吊杆焊接过程中实时进行变形监测，并有效利用变形监测数据指导焊接实施顺序，以确保吊杆的精度。焊接前，测量基准点的三维空间数据作为初始数据，焊接过程中，进行实时变形监测，若偏差达到预警值，立即停止焊接，并讨论针对性措施，确保焊接完成后，最终法兰面的偏差满足精度要求（图5-39）。

图5-39 现场轨道吊杆焊接检测

CHAP
6

第 6 章

机电安装工程数字化建造技术

主题乐园各单体建筑造型各异，园区外总体场地环境复杂，相较于一般公共建筑工程，主题乐园机电安装工程环境条件复杂，施工质量要求高，对其深化设计、产品加工、现场安装、现场调试都提出了较高要求。

深化设计是主题乐园机电安装工程的核心环节，在这个过程中针对其深化设计容错率低、地下管网设计复杂、预制化产品深化难度大的难点，分别采用三维扫描技术、Civil 3D与Revit软件相结合的深化技术、Civil 3D、Revit、Solidwords多软件集成深化技术予以解决。

在产品加工阶段通过Revit深化模型与Solidworks软件的对接实现了BIM技术对于工厂预制加工的指导，并通过条形码技术的运用搭建针对大批量预制构件的物联网，从而实现了从预制加工质量到构件安装就位的全过程数字化管理。

在现场安装阶段，通过全自动激光测量定位确保了安装作业的精确性；通过设备、管线装配模拟对复杂环境下的施工进行了前瞻性的技术模拟分析，确保施工可操作性；通过三维可视化现场装配指导打破了常规二维图纸的局限性，将轻量化的三维模型通过移动设备带入施工现场，从而进行更为具象、高效的现场管理。

6.1　机电安装工程数字化深化设计技术

主题乐园机电安装工程需要在造型奇特的建筑单体中合理排布错综复杂的管线，在满足使用、检修等基本功能需求的同时给予游客最优的感官体验。同时，现场安装施工必须严格按照深化设计图纸，对机电深化设计的前瞻性、合理性和精细程度提出了极高的要求。因此，在项目实施过程中运用了三维扫描、BIM技术等前沿数字化手段，对机电安装工程深化设计进行了突破。

6.1.1　机电安装工程数字化深化技术难点

作为主题乐园建筑的代表，上海主题乐园的建筑形态和园区整体规划布置都是其夺人眼球的亮点。然而这些亮点却令机电安装工程的深化设计困难重重，其具有代表性的难点可归纳如下。

1. 深化设计容错率低

主题乐园的建筑异形多变，内部空间包含众多主题元素，机电管线排布的可利用空间狭小；同时，造型复杂的建筑主体削弱了主体结构施工的尺寸可靠程度，进一步压缩了可设计的可靠空间；此外，主题乐园机电管线施工必须严格按照设计图纸施工，不可在施工过程中主观调整、修改，极大限制了实施弹性。因此，深化设计环节成为机电安装工程中容错率极低的关键环节，需要对方方面面问题都给予前瞻性的周全考虑。

2. 地下管网设计复杂

主题乐园的地下管网极为复杂，以区域从属划分可分为单体建筑地下机电系统及园区市政管网两类。

基于游客的感官体验的考量，主题乐园整个机电系统40%的工程量都为地下预埋，单体建筑地下机电系统复杂程度极高。大量的系统需要在整个地下空间中合理错开，同时控制埋深。因此，如何合理规划单体建筑地下机电系统布线的空间逻辑，并避开桩基、过路市政管线、园林配套等干扰物成为一大难题。图6-1为错综复杂的地下预埋管线系统。

园区市政管网分为上下两层，均需要贴合园区内地形多变的场地布置。上层管线负责与建筑单体的内部管线对接，下层管线则负责园区外总体的排水等。其中上层管线与单体的排水连接口既是连接点，又是清扫口。在深化时要同时满足两种功能需求，并考虑出户管安装沉降接头的空间。因此，园区市政管网的协调设计也存在着相当的难度。图6-2为外总体管线BIM模型图。

3. 预制化产品深化难度大

为确保成品质量，主题乐园的机电安装工程采用了大量预制化产品。然而主题乐园工期紧张，专业繁多，建筑、场地环境复杂，对预制产品的深化设计提出了较

图6-1　错综复杂的地下预埋管线系统

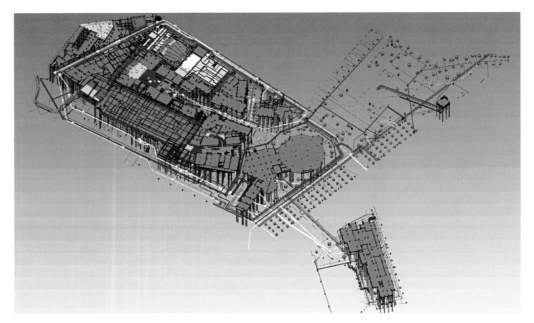

图6-2　某片区外总体管线BIM模型图

高要求。如异形吊顶空间内的风管排布，其非常规的风管走向必须在前期深化设计过程中予以充分考虑，如图6-3所示。

又如主题乐园项目中的预制雨污水井，不同于传统国内方形现浇的做法，为直径各异的开洞圆弧筒井。这样的做法确保了成井的质量，但却对其留洞与周边管线的连接定位关系要求相当严格，大大增加了设计阶段的协调难度。

图6-3　机电配合精装施工

6.1.2 基于BIM的深化设计流程

对于基层施工班组而言，二维图纸细节尺寸表达直白，更符合其既成的认知体系。因此，在现有的劳动力水平下，二维图纸依然是指导现场施工最为直接的手段。主题乐园机电工程深化设计容错率低，对于专业间协调、设计精度等要求较高。因此，在深化设计工作前期准备阶段以三维扫描为主体结构复核手段，在深化设计过程中以BIM技术为核心技术载体，以二维图纸为成果呈现方式，令设计成果兼具前瞻性、合理性和指导性。其设计流程如下：

主题乐园机电安装工程分建筑单体机电安装管线和地下管网两类制定深化设计流程。

建筑单体机电安装管线深化设计流程如下：

三维扫描→点云模型处理→调整土建施工模型→机电工程管线深化→模型审核→管线综合调整→模型确认（业主）→模型整理分类→导出二维图纸→二维图纸完善→施工图打印。

地下管网深化设计流程如下：

建立地下管网模型→与场地模型碰撞检查→调整地下管网模型→运用Civil 3D整合模型→剖切二维纵断面图→基于二维纵断面图进行管线微调→地下管网模型确认（业主）→二维图纸完善→施工图打印。

建筑单体的机电管线受主体结构的施工精度影响较大，因此在前期准备阶段以三维扫描为主体结构复核手段；而地下管网深化需要对总体地形、建筑基础等均予以充分考虑，故结合Civil 3D软件形成纵断面图辅助精细化设计管理。

由BIM软件自动生成的二维图纸可以清晰精准地表达图形，但在标注等方面与国内出图标准并不统一。因此在主题乐园项目中工程师导出二维图纸后，会按照常规二维出图的要求在CAD软件中将图纸中的阀门配件、风口、碰头、灯具等各项内容替换成为常规国标中的图例样式，再将各种文字、线性分类定义到不同图层内，确保BIM导出的平面图纸符合国内出图规范的要求。图6-4为完善后的二维图纸。

6.1.3 主体结构三维扫描复核技术

主题乐园机电安装工程深化设计环节容错率极低，主体结构偏差也需纳入深化设计协调范畴中。因此，运用三维扫描技术将建筑物主体结构的几何形体以点云的方式进行虚拟还原。

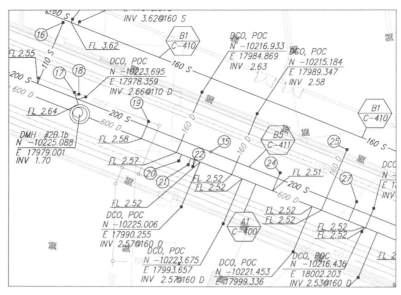

图6-4 完善后的二维图纸

将机电模型、土建模型、三维扫描模型三者整合，以主体结构的实际状态为依据对机电模型进行调整。图6-5为机电、土建、三维扫描整合模型。

6.1.4 地下管网系统深化技术

针对单体建筑地下机电系统专业种类繁多、埋深控制困难的难点，通过Revit搭建基础机电三维深化模型，Navisworks整合协调优化的工作模式予以解决。Revit建

图6-5 机电、土建、三维扫描整合模型

模深化过程中注意以不同的颜色区分不同的专业系统，作为后续管线空间排布的重要依据。在Navisworks中整合土建及场地模型进行协调优化时，机电布管尽可能利用梁腔空间；在确保各专业机电管线不发生碰撞的前提下，尽量采用同一标高，减少埋地深度；管线从配电间出来至各个末端点位时，采用树状布管，减少管线弯折角度，确保现场穿线通畅。待深化完成后将深化模型交现场施工人员确认后，再提交业主及顾问进行最终审核，以此保证整个深化设计方案的可实施性。

针对园区市政管网空间逻辑复杂、场地各专业联动性大的难点，通过Navisworks进行场地综合碰撞，再借助Civil 3D生成二维纵断面图微调的技术手段予以解决。首先在Navisworks中将园区市政管线的BIM模型与园区外总体地形、地下基础的BIM模型叠加，遵循以下原则进行碰撞调整：动力管让构筑物基础，构筑物基础让重力管。由于构筑物的平面位置不能移动，只能改变构筑物基础的高程来避开管线，而升高构筑物基础会导致基础埋深变浅，可能造成结构受力不足的情况，降低构筑物基础则会导致埋深变深、增加开挖深度、提升成本，因此构筑物基础的调整必须非常慎重。为了使每个变更都非常合理，在BIM模型中对每一处基础移位都做了升高和降低两种情况的模拟。基于BIM模拟的结果，通过各方商议确定最终管线的空间位置。图6-6为利用BIM协调管线的位置。

模型协调完成后，基于Civil 3D生成纵断面图。在绘制的时候，首先建立一条与主管走向一致的路线，然后使用Civil 3D软件的纵断面图功能，以此路线为剖切线，建立纵断面图，再将需要被剖切的管线投影到纵断面图内，利用Civil 3D的标

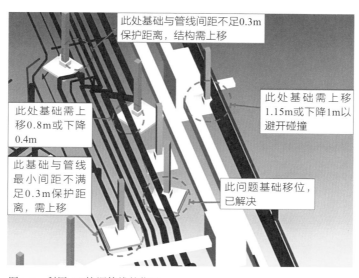

图6-6　利用BIM协调管线的位置

签功能批量添加标注，最后在CAD中调整至出图所需样式。运用Civil 3D生成的纵断面图是和模型实时联动的，在纵断面图中对管道标高的修改会直接同步到三维模型中，反之亦然，非常方便。通过这些纵断面图，可以复核管道埋深并且能够更加简洁直观地优化调整管线标高，在保证埋深的前提下，尽可能减少开挖深度。另外，一些模型碰撞检测不出来的问题，例如外总体中不允许使用的立体三通，在一般的平面图纸中，很难发现立体三通的情况，但是通过纵断面图观察就很容易发现问题。这样的工作模式效率要比人工制剖面图高得多，也避免了错漏。图6-7为Civil 3D生成的管线纵断面图。

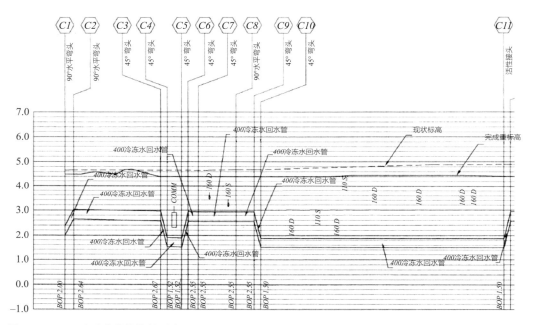

图6-7　Civil 3D生成的管线纵断面图

6.1.5　工厂加工图设计技术

主题乐园的风管、雨污水井等预制化产品因主题乐园建筑形态、园区地形等特点深化难度较大，为提升施工质量，贯彻精细化施工管理的要求，针对各预制件的特点制定针对性的工厂加工图设计方案。

针对风管需协调各周边专业、运输安装量大等特点，运用Revit、Navisworks软件对风管进行深化设计、综合协调，并基于条形码技术构建预制风管管段的物联网体系；针对预制雨污水井空间定位及井壁开孔精度要求高的特点，结合Revit和Civil 3D软件综合深化预制管井的空间定位及与周边市政管网的连接关系，并通过Revit

对接Solidworks软件形成预制加工厂可直接运用的模型。

1. 风管数字化深化设计

（1）机电深化设计利用Revit软件对项目的建筑、结构及机电进行完全建模。

（2）设置专门测量小组，根据总承包提供的测量基准线，对已完工的梁、板、柱、墙进行实地测量，并将测量数据提供给机电深化设计BIM小组进行参数复核及修正，从而保证BIM模型的准确性，正确指导现场施工。同时测量小组对施工过程中的机电综合管线实际完成面进行测量，并将测量数据反馈到Revit软件。

（3）通过Navisworks整合各专业模型进行综合碰撞调整。

（4）在Revit中对风管进行分段，并赋予每个管段独立的编号属性。

（5）利用BIM数据导出可以获得更具实用价值的风管预加工设计图，包括预制加工图、管段编号图、管配件编号图、支架加工图等。图6-8为BIM综合装配图，图6-9为预制加工图。

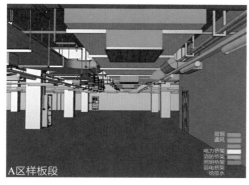

图6-8　BIM综合装配图

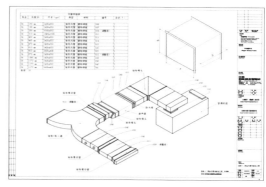

图6-9　预制加工图

2. 预制雨污水井数字化深化设计

（1）在Revit中整合总体地下管网、地形数据等作为雨污水管井深化依据。

（2）在Revit中初步确定雨污水管井空间位置，并建立初步筒体模型。

（3）将Revit模型导入Civil 3D，生成纵断面图，并据此对管井空间位置进行微调。

（4）根据最终模型确定预制雨污水管井与周边市政管网的空间连接关系，剪切完成雨污水管井筒体开洞。

（5）将完成的Revit预制雨污水管井模型对接转入Solidworks软件中，Solidwords在工业领域运用广泛，对于复杂曲面的处理也更符合预制加工厂的数据运用需求。图6-10为利用BIM模型生成的预制井加工图。

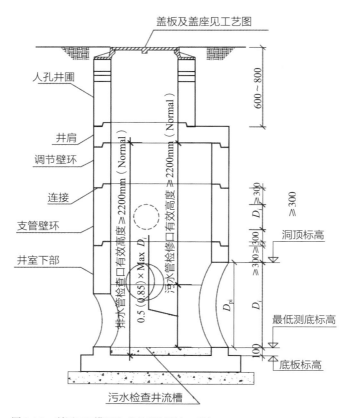

图6-10 利用BIM模型生成的预制井加工图

6.2 机电安装工程数字化加工技术

传统的机电管线加工以现场手工加工为主，难以达到较高的生产效率和质量水准。通过数字化加工的方式可以对接数字化深化设计成果，确保预制加工的质量，提高生产加工效率。

同时，主题乐园项目采取了物联网信息管理技术来提升从预制到装配环节的管理效率。每个预制单元在深化设计阶段即被赋予一个唯一的编码，在预制加工厂加工过程中贴上条形码，在后续的管道出厂、运输、现场验收、安装等环节，依托物联网系统及条形码标签对管道进行全程的跟踪与统计。

以下以风管为例简要介绍数字化加工生产：

风管施工前，通过BIM技术生成综合管线布置图、风管预制加工图、支架加工图等。风管加工基地根据图纸进行风管工厂化预制。

采用流水生产线生产镀锌钢板矩形风管和玻璃纤维内衬镀锌钢板风管。

预制加工厂根据预制单元编码属性进行条形码标识。

风管出库扫码录入扫码系统，成品风管装车，用卡车运输至施工现场；现场对到货风管进行扫码入库，同时根据条码系统将风管运至相应层面。条码系统的使用，实现了对风管的出厂、运输、现场验收、安装等环节进行全程统计、跟踪与核对。

根据深化设计装配图纸，对照条码系统，进行现场的组装和安装工作。

6.3 机电安装工程数字化安装技术

在主题乐园项目的机电安装过程中，通过数字化技术的运用来提高施工质量，如通过全自动激光测量定位技术来更好地掌控土建施工误差对机电安装的影响，又如采用设备、管线模拟装配技术来提前对设备运输路线及管道安装工艺进行模拟，减少现场施工过程中的不确定因素。

6.3.1 全自动激光测量定位

1. 应用范围

全自动激光测量定位技术的运用主要可以分为两个方面：一是测量BIM模型与现场实际施工的误差值；二是进行机电管线的安装定位放样，适用于一些结构复杂、机电安装精度要求较高的重难点部位，如城堡区域的屋顶、酒店区域的走道、休闲餐饮区的剧院等。

（1）测量实际与模型的误差，实现精确设计

为了确保BIM模型能够真实反映项目现场的实际情况，确保最终机电的完成净高，首先要了解土建施工时的误差范围。因此在机电施工以前，要对已完成的土建施工内容进行测量定位，并根据测量结果对BIM模型进行调整，确保模型与现场一致。

（2）高效放样，精确施工

使用全自动激光测量设备来进行现场机电安装的定位放样，从而将深化图纸的信息全面、迅速、准确地反映到施工现场，保证施工作业的精确性、可靠性及高效性。

2. 应用实例

小飞侠天空奇遇坐落于梦幻世界西南侧，是主题乐园梦幻主题区的重要组成部

分之一，其最大的难点就在于管道支架的安装固定。由于项目单体内布满了错综蜿蜒的列车轨道，机电管线的位置必须避开所有轨道的行进路线，另外考虑到安全系数问题，在避开轨道路线的同时还必须与轨道间保持一定的安全距离，对安装精度要求极高。所以，我们首先根据场地布置情况，在建筑内多个不同区域架设了三维激光扫描仪，通过三维激光扫描仪将各个部分的已完成情况采集回来，再通过将数据导入BIM模型，将BIM土建模型调整至与现场一致，接着根据调整后的土建模型修改机电模型的空间走向，同时在三维环境下直接设计支架的形式及安装位置。在现场施工环节中，采用了全自动激光定位仪来对现场机电管线及支架的安装进行定位放样，进一步提升了安装的精度。

6.3.2 设备、管线模拟装配

1. 应用范围

设备、管线模拟装配应采取重点区域模拟的原则，选取项目中的一些结构复杂、设备较多、管线密集的重难点区域进行模拟。例如大型设备机房、屋顶设备区域、大型管道井或设备层等区域。

2. 成果输出

模拟装配的成果形式主要为两种：一种是可编辑的动态模拟原始文件；另一种是导出的不可编辑的三维动画。前者优点在于操作自由度较大，可在任意时间、位置暂停，并对当前状态下的模型效果进行实时测量、修改等操作；其缺点是必须通过专业的模拟软件打开，对计算机硬件要求较高。而后者优点在于对计算机硬件要求低，展示方便；缺点为不可编辑，操作自由度几乎为零。图6-11为仿真安装模拟。

上述两种形式的成果输出可用于项目中的不同参与方，前者主要是用于项目中

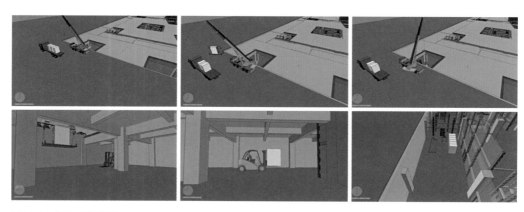

图6-11　仿真安装模拟

的集成设计人员或操作人员，而后者主要用于项目中的决策人员或管理人员。

3. 应用实例

上海国际旅游度假区核心区湖水环境维护及公共绿化灌溉水系统工程（简称"综合水处理厂"）是主题乐园诸多配套工程中的一个较为特殊的项目。其主要是通过对围场河水等的再生利用，满足园区绿化灌溉需求，节约水资源；通过中心湖水的循环处理，保证园区重要水景——中心湖的景观及状况达到较高的水质标准。因为这是一个综合性的水处理厂房，内部包含了大量需要提前运输至建筑内的水处理专用设备，特别是8个加沙高速沉淀池，其宽度超过3m、高度超过6m，在这总建筑面积不足1万m²的单体内显得格外显眼，所以如何完成这个"庞然大物"的安装工作是机电安装工作中要重点克服的困难之一。经研究讨论后发现，想要将加沙高速沉淀池运至室内，则需要土建结构配合，在土建施工阶段暂缓加沙高速沉淀池部分的外墙施工，待设备运至室内后再进行墙体的砌筑。基本方案确定后，施工人员将设备运输路线及安装顺序利用三维动态仿真技术进行仿真模拟，并在模拟过程中不断完善实施方案，使其达到最理想的状态。接着，将模拟动画联动文字方案一并交由监理及相关单位进行审核，最后在审核通过后根据实施方案进行现场设备的安装。整个过程由于采用了动态模拟技术而使得方案变得更加合理，同时三维的直观表达形式也加快了方案的审批流程，从管理和实施两方面为加沙高速沉淀池的运输及安装工作提供了保障。

6.3.3 三维可视化现场装配指导

1. 可视化现场装配指导技术应用范围及内容

主题乐园单体建筑专业繁杂，且对于机电管线的隐蔽性要求极高，仅依靠二维平面图纸在施工现场很难准确表达机电管线的走向及与其他土建、结构、装饰专业的空间关系，对于现场交底、现场专业沟通协调等都造成极大不便。因此在遇到部分机电复杂区域时，工程师都提前将模型导入移动设备中，利用移动设备在现场进行指导。图6-12为利用移动设备载入模型。

2. 可视化现场装配指导技术应用难点

移动设备的轻便性与其工作性能总是不可兼得，大型复杂模型在移动设备加载时常出现崩溃卡死的现象，严重影响现场技术人员的用户体验和工作效率。为解决该技术难点，技术人员进行了深入的研究与探索。在研究中发现前期设计过程中由于设计师的需求，BIM模型中被录入了大量的设计参数。而这些参数在施工现场并不需要，如果可以将参数与模型本身进行分离的话便可以大大减轻模型的数据量，提高模型的使用效率。经过与软件商的多次沟通协调，运用一款模型轻量化显示平台，将前期设计模型导入并移除多余设计参数，仅保留基础的几何、定位、构件名称等信息。既满足管理人员现场工作指导中对于管道的上下关系、翻绕的位置等几何、空间定位信息

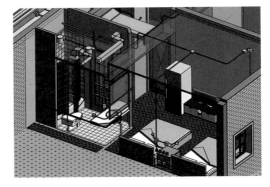

图6-12　利用IPAD载入模型

的需求，又避免由于载入信息过多而导致的卡死现象。图6-13为基于IPAD的复杂模型现场指导。

3. 应用实例

上海主题乐园酒店是上海主题乐园度假区内两座主题酒店之一，是上海主题乐园度假区的标志性酒店。酒店由于受到主题乐园整体高度的限制，层高较低。因此大部分区域的机电安装工作由于受到高度的影响而变得格外艰难。比如，二层空调设备夹层虽然是酒店内机房中面积最大的，但是由于设备数量多，设备尺寸大，机电管线尺寸大，导致机电管线综合困难。此外，由于设备机房在降板区域，机房内净空只有不足1.5m，中间还有结构梁横立，空间极其狭小，安装条件极为不利。因此项目深化人员首先根据实际情况完成机房的BIM建模及深化工作，再将深化成果移交施工人员审核确认，接着深化人员将确认后的BIM模型进行轻量化处理，并将

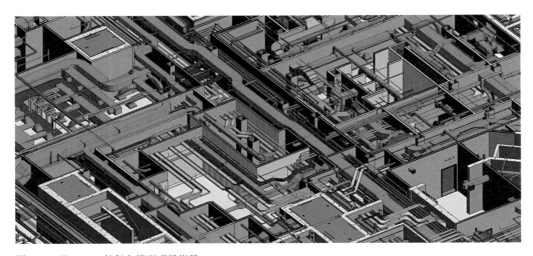

图6-13　基于IPAD的复杂模型现场指导

轻量化模型及深化图纸一并交由施工管理人员进行现场施工指导。在实际指导过程中，管理人员首先在三维模型中指出了机房安装的重点及难点部位，并详细解释了各系统间的安装顺序，确保所有工人都能充分了解机房内设备及管道布置情况。通过这样的方式，大大提高了现场沟通及管理的效率，避免了无谓的施工偏差及返工，加快了设备机房的整体安装进度。

6.4　机电安装工程数字化调试技术

梦幻世界是主题乐园中施工难度较高的一个区域，它既有乐园的标志性建筑，又有众多的游艺设施。为确保乐园游艺设备及配套设施的安全运营，项目实施过程中必须切实做好机电工程配电、空调、消防及弱电等系统的调试，根据相关国家标准及美方的技术标准要求，在调试过程中采用了更为先进的测试仪器仪表及更为科学的管理模式。

6.4.1　调试管理

主题乐园项目的建筑单体较多，机电工程系统调试范围较广，制定合理的系统调试管理措施是项目实施过程必要的保证，也是项目实施过程必要的措施。

利用互联网平台搭建项目信息管理平台，项目相关管理人员能实时掌握、了解项目进度、质量，并根据项目进度情况及时调整劳动力资源、设备机具资源及施工材料等。传统管理加上互联网，依托计算机技术、网络技术及通信技术，组成新的管理架构模式，使管理网络化、柔性化及虚拟化；其管理模式更能加强团队协作，快速对项目需求做出分析和决策，更能适应项目各方面的全面管理，以信息来协调施工、横向补充纵向的管理。图6-14为利用互联网平台搭建项目信息管理平台。

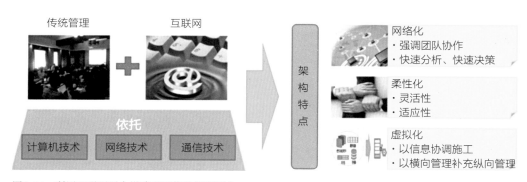

图6-14　利用互联网平台搭建项目信息管理平台

建立项目相关信息数据库，将项目各单体、安装和调试专业、计划完成时间及安装和调试情况、验收结果等组成代码进行信息化管理，并将影响工期的时间因素和质量因素设置报警值，通过告警来提醒各层管理人员对项目采取必要的措施。数字化信息管理通过项目安装和调试施工技术管理人员根据各自管理的区域及专业实时将工程进度输入数据库，安装和调试施工技术管理人员根据数据库提供的信息落实相关工作。同时，通过互联网公司各级领导及管理层均可及时了解、掌握项目实时动态，横向补充纵向的管理。图6-15为信息编码库编码。

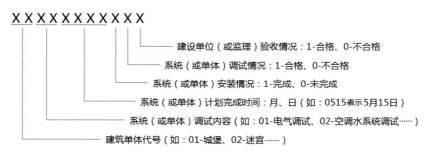

图6-15　信息编码库编码

6.4.2　调试技术

伴随着调试技术的日益进步，调试仪器仪表智能化的不断迈进，调试技术正在不断地革新突破。下面着重阐述配电系统电能质量测试技术及通风空调系统风量平衡网络通信应用技术。

1. 数字化测试技术应用

测试仪器仪表是在机电安装工程系统调试中广泛应用的重要设备，随着科学技术的进步，不断对仪器仪表提出更高更新的要求，仪器仪表的发展也不断利用新技术、新材料、新工艺使其测量更为精确、显示更为清晰、操作更为简单，测试仪器仪表从早期的模拟式向数字式、智能式仪器仪表发展。传统仪器仪表性能取决于仪器仪表内部元器件的精密性和稳定性，元器件的温度漂移（包括零点和增益漂移）和时间漂移都会反映到测量结果和仪器仪表输出中去；智能仪器仪表应用新的采集技术、处理技术、硬件平台和人工智能技术，使仪器仪表的性能（如精度、分辨率等）、功能、可靠性、可维护性和可测试性都得到了提高。

电能质量的好坏，直接影响到项目建设产品的质量。首先是电压的波动、电压的偏移、电压的闪变；其次是频率波动；最后是电压的波形质量，即三相电压波形的对称性和正弦波的畸变率，也就是谐波所占的比重。在主题乐园项目中，使用了大量的电子产品和整流设备，非线性用电设备在电网中大量投运，造成了电网的谐波分量占比较大，对整个配电系统造成了严重隐患，所以必要的电能质量测试有利于采取必要的措施改善系统用电质量。

本项目电能质量测试选用仪表为日置PQ3100，其主要功能是测试瞬态过电压、电压有效值（浪涌、下陷等）、电流有效值、冲击电流、电压逆相不平衡率、电压零相不平衡率、电流逆相不平衡率、电流零相不平衡率、谐波电压、谐波电流、谐波功率、谐波电压相位角、谐波电流相位角、谐波电压电流相位差、电压总谐波畸变率、电流谐波总畸变率等。PQ3100所有参数可并列测试，只需通过切换界面即可显示所有测量中的参数，顺畅地确认仪表测试状态。在测试过程中趋势图和事件波形图也可同时记录，一次测量可记录所有参数的变化趋势，能够检测出电源异常并记录事件，可以记录事件间隔期间的最大值、最小值和平均值。图6-16为波形图测量记录。

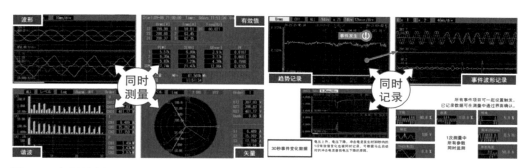

图6-16　波形图测量记录

PQ3100可将测试数据通过专用软件使用PC机进行数据分析，对电压、电流的有效值变化，谐波变化，间谐波变化，闪变、电量、综合谐波电压/电流畸变率等全部事件进行波形、事件详细分析，并可根据需求制作报告。同时，能按照日期、时间统计并显示发生情况，易于发现特定的时间内发生的异常等事件统计；能按时序显示电压、电流、频率、谐波、不平衡、功率、电能等趋势图；能分析波形、谐波、扭矩、数值显示等200ms的事件波形，也可以显示30s事件变化数据或事件前后11s的波形等事件详情。图6-17为运用PC机分析PQ3100测试数据。

2. 信息通信技术的应用

本项目通风空调系统测试选用仪表为Testo系列智能仪表，能涵盖温度、湿度、

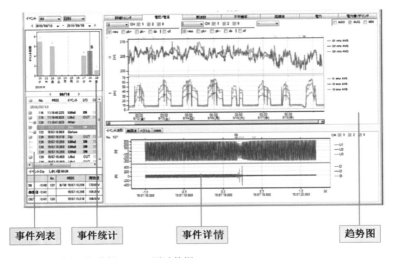

事件列表　　事件统计　　事件详情　　趋势图

图6-17　运用PC机分析PQ3100测试数据

风速、压力等重要参数的测量，并能通过蓝牙传输方式将手机或PC机变为一台专业的检测及分析仪器，通过专业APP可读取、记录、分析单个或多个测量数据，可直接制成报告并发送。图6-18为Testo系列智能仪表。

Testo系列智能仪表420风量罩适用于大型进风/回风口快速精准测量，满足法规体系要求，确保室内空气质量。内置气流整流栅，可有效降低涡流，均匀气流，从而实现风量在80~3500m³/h之间精准测量；405i无线热线式风速仪可用于对通风管道进行测量，可以方便地测定空气流速、温度以及体积流量，通过应用程序可以方便地对体积流量进行测定，输入精确管道横截面的参数，应用程序可以自动计算出相应的完整结果；410i无线叶轮式风速仪用于测量空气出口和通风格栅的空气流速和温度，也可以方便地用于测量和调节体积流量，应用程序对体积流量测量进行设置非常简单，在调节通风系统时，可以对多个出口的体积流量进行交叉检查和比较，定时和多点均值计算功能，可以快速获取平均空气流速的信息；605i无线温湿度仪用于测量房间和管道的温度与相对湿度之外，温湿度计也适用于对空调系统的加湿器检查；805i无线红外仪用于测量墙体温度及空

图6-18　Testo系列智能仪表

调系统的保险丝和元件等温度，测量点可以由一个8点激光圈进行清晰标示，可作为一台结构紧凑的红外测温仪，可以方便地查看测量读数，还可以用来创建和记录图像，包括温度数值和激光标记。

Testo系列智能仪表测量数据以无线方式从相关测量仪器传输到APP，并可以方便地在移动终端设备上以图表或表格格式进行查看。此外，APP还能提供其他一些实用功能，比如定时和多点均值计算、体积流量设置、比较各出口的多个体积流量、自动计算露点和湿球温度以及通过清晰的红绿灯系统确定容易霉变的区域。测量数据记录可以作为PDF或Excel文件，可以直接制成报告或通过电子邮件直接发送。

3. 智能建筑数字化调试技术

（1）背景简述

上海主题乐园综合水处理厂设计规模为2.4万m^3/天，总体处理工艺采用"曝气生物滤池+混凝加砂高效沉淀池+超滤+紫外线消毒"作为水处理主体工艺，达到去除氨氮和总磷的目标。为了保证该设施稳定地服务于整个主题乐园园区，从项目设计、施工、调试乃至后续运营维保都引入了数字化、集成化的先进管理要求。

（2）系统组成

系统各个环节布置的数字化设备是数字化调试的基础。从信号的采集到信号的传递，一直到信号的处理和分析。主要可分为前端采集部、网络传输部、信息处理部和分析汇总部。

整个水处理厂的工艺控制系统利用Rockwell公司的Controllogix 1756冗余PLC和GE公司的IFIX软件平台作为自动控制及监测的软硬件的基础，前端传感器包括电磁流量计、物位计、一体化压力变送器等，后端信息存储和分析设备包括工程师工作站、冗余服务器和高密度磁盘阵列等。整个系统以光纤组网，利用管理型交换机和光电转换器等进行信息的传输。图6-19为水处理厂工艺控制系统。

（3）主要系统硬件

PLC，对于信号的采集与处理，选用功能强大、可靠性高、抗干扰性强的可编程控制器ControlLogix 1756系列PLC。主要由中央处理单元（1756-L74）、模拟量输入输出模块（1756-IF16，1756-OF8）、数字量输入输出模块（1756-IB32，1756-OB32）、高速计数器模块（1756-HSC）、通信接口模块(1756-ENBT)、负载电源模块（1756-PA75）等部分组成的严密高速的程序控制器。1756-L74与1756-CNBR采用冗余配置。当模块出现问题时，备用模块能在500ms内完成切换。图6-20为可编程控制器ControlLogix 1756系列PLC。

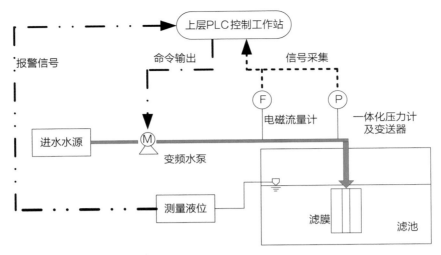

图6-19 水处理厂工艺控制系统

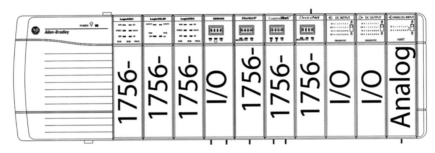

图6-20 可编程控制器ControlLogix 1756系列PLC

（4）物理传感器

1）一体化压力传感器

当受到压力作用时，压力传感器内应变电阻发生变化，从而使输出电流发生变化，输出4~20mA信号。图6-21为一体化压力传感器。

2）超声波液位变送传感器

液位计安装在清水池、沉淀池、储液池等顶部。超声波液位计散射角度7°，输出4~20mA信号。

3）电磁流量计

基于法拉第电磁感应定律，当有导电介质流过时，则会产生感应电压，显示流体流量，并输出4~20mA信号。

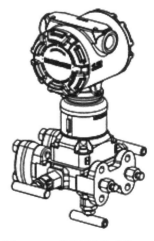

图6-21 一体化压力传感器

（5）主要系统软件

系统软件主要包括三部分：

1）下位机用RSLogix 5000对PLC进行编程；

2）上位机用IFIX软件进行组态，利用IDE即集成开发环境（Integrated Development Environment）辅助开发程序的软件编写；

3）数据库采用Industrial SQL Server软件编写实时数据库的程序。

（6）调试实际效果

利用数字化设备和仪表，通过数字化手段，突破了传统意义上的人工手动矫正调试，现在的调试只需要通过一个数据线缆与系统任一端口连接。通过下载事先编译完成的软件，在现场进行实际的验证，在过程中发现问题、分析问题，然后根据修改方案调整编译软件，直至软件程序控制的系统能按所有工况执行，完成所有设计要求。

此外，数字化系统还能与外围其他系统进行信息互传，主题乐园园区有一个数字化灌溉预测系统（雨鸟系统），水厂控制系统通过这个系统，能够在第一时间获得实际需求水量，通过引入这个实际数据参数能使水厂处理能力与实际需求进一步同步，达到节水节能的最终目标。

第 7 章
装饰装修工程数字化建造技术

在主题乐园中装饰装修工程打造了童话般的场景。作为一个重要的专业，装饰装修工程涉及：墙面工程（室内外主题抹灰）；细部工程（金属制品、建筑艺术构件制安）；地面工程（石材铺设、地砖铺设、超平混凝土施工）；屋面工程（异型屋面系统制作）；天花饰面工程（轻钢龙骨石膏板吊顶、石材及金属饰面）；安装工程（卫生洁具安装、装饰灯具安装、门窗雨棚安装等）。

主题乐园装饰装修的墙面及细部工程从构造上分为主题抹灰与装饰性建筑构件（MAI构件）。主题乐园工程中对MAI构件的定义是由工厂预制，且经过预先表面处理的装饰品。即用水泥（玻璃纤维增强水泥，简称GRC）、树脂（玻璃纤维增强塑料，简称GRP）、石膏（玻璃纤维增强石膏，简称GRG）、金属等符合现代工程特点的建筑材料，通过特殊加工，达到与真实的石材、木材、金属艺术构件等完全相同的表面效果的建筑构件。

这些装饰建筑构件使主题乐园的装饰工程建筑内外立面造型丰富，进出关系复杂，对深化设计提出了很高的要求，如艺术构件的立面造型刻画、栏杆上雕花设计刻画、金属尖顶艺术造型刻画、螺丝钉的布置形式、螺丝的入混凝土深度及螺纹的布置都需要分别画清注明。有时为了追求效果，甚至需要1∶1做实体模型进行效果检查。根据装饰装修工程的特色，项目遵守主题效果第一的原则，在深化设计阶段结合手绘与建模相结合的方法，完成了装饰建筑构件从造型深化到构造深化全过程。同时考虑装饰造型及结构连接，在空间中三维排布次钢。面对装饰工程中多曲异型屋面，项目建立了屋面表皮模型，将图纸表示不明的屋面造型确定。利用数字化模型提供准确的标高信息，在三维中进行精细的构造设计，完成整个屋面系统的深化设计。

对于一些特殊的艺术构件的加工，打破传统翻模工艺的多道工序，使用数字化3D打印技术，利用模型直接加工成型的优势，解决复杂艺术构件的加工生产问题。

在装饰工程施工控制上，在地面工程施工中通过数字化方法控制混凝土现场浇筑的标高，使用激光整平机实时采集地坪标高，分析整平。通过三维设计模拟完成高耸塔的脚手搭设及施工工序。面对主题乐园堪称艺术品的主题抹灰多种造型、工艺做法使用三维扫描，以数字化的方式进行资料储存，为后续项目提供了宝贵的资料。

7.1 装饰装修工程数字化深化设计技术

主题乐园装饰工程的复杂造型，常规的二维图纸无法表达清楚，三维可视化协调的要求高。而立面的核心是MAI艺术构件，为此，主题乐园装饰工程数字化深

图7-1　复杂的装饰艺术构件及其模型

化设计首先是MAI构件细部造型的应用。在深化设计过程中经过"建模—沟通—改图—建模—开会讨论—建模"这一流程使装饰模型接近建筑设计师真实的想法。通过不断沟通确定构件造型，以及立面凹凸变化位置、形状变化位置间的互相冲突，最终确定复杂建筑的立面效果（图7-1）。

其次是构造设计的应用，在室内装饰工程中，支撑立面的次钢结构也是通过数字化深化设计完成的。在设计完成后利用模型出图，完成深化的外立面综合图及产品加工图。同样在异型屋面构造上利用数字化深化设计，根据图纸先建立表皮模型，逆向深化屋面表皮与屋顶结构之间的构造，使得多曲异形屋面能够顺利落地实施。

7.1.1 装饰艺术构件数字化深化技术

在城堡的外观设计中大幅度运用了GRC材料，如罗马柱、栏杆、线条、墙面装饰构件、踢脚线、门套、梁托、天花板、屋瓦、座椅、老虎窗等。原设计图纸中的GRC设计仅局限于外观尺寸、材质、表面肌理三部分信息。图纸中的很多节点，在业主提供的模型中都是简化的节点，要达到直接生产加工还有漫长而精细的深化过程。

图7-2为原模型截图，早期方案阶段只是为了表达其空间位置以及大致形状。图7-3为深化完成后的模型截图。立面的花式确定后，针对花式确定拼接线。后期深化阶段，在方案阶段模型基础上对细节进行美化处理，并对方案阶段不合理的栏杆进行调整。

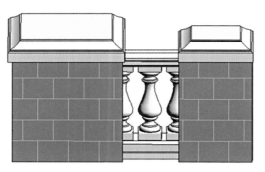

图7-2 栏杆柱艺术构件设计模型

图7-3 栏杆柱艺术构件深化细节模型

　　整个梦幻世界城堡有多达12000个MAI构件，每个构件基本都是唯一的，且线条花式都极为繁复，深化时注重模型的美观性。同时，构件背附次钢结构，建立表皮模型的过程中不仅要前瞻性地考虑次钢与主体结构之间的配合，还需要结合产品本身的分件方式和安装方式，在业主方初版城堡建筑模型基础上利用数字化艺术构件深化技术，对艺术构件的造型进行细节深化，根据造型线条的位置对GRC构件进行切分，考虑加工与吊装的可行性。最后还需要为这些异形GRC构件深化背后的连接件。

　　城堡最有内涵魅力的核心区域——中庭，由八个内立面和一个穹顶组成，其装饰内容包含了GRC、GRG、钢制窗、金属装饰构件、次钢结构。中庭穹顶方案阶段模型比较突兀，鉴于艺术细节固有的特性，业主方与施工方设计师一致决定采用手绘的方式进行几何设计阶段的细节沟通。在所有的细节推敲议定后，在深化阶段通过在模型中添加细部的花纹，使整个天花的空间层次感增强，艺术效果提升（图7-4～图7-7）。

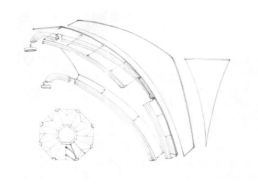

图7-4 穹顶深化设计沟通素描

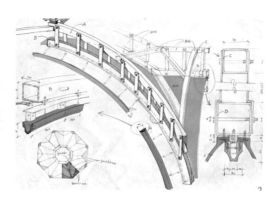

图7-5 穹顶深化设计沟通彩绘

图7-6 城堡中庭穹顶设计模型

图7-7 城堡中庭穹顶深化细节模型

图7-8 城堡雕花手绘

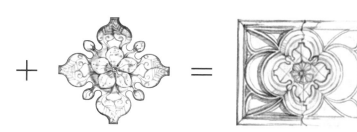

图7-9 城堡中庭立面分段细节模型

　　墙面穹顶栏杆上在原设计方案中纯中世纪风格的护墙板，被点缀了四季花朵的元素。墙面竖向线条结合生产和安装运输进行模型的合理分段，并在细节上进行美化（图7-8、图7-9）。

在确保了GRC构件的高质呈现后，还需要保证其安装拼接能实现浑然一体的效果。中庭所见到的GRC构件都是通过暗藏的连接件与背后的次钢结构相连接形成的，通过在模型中三维空间布设连接节点，顶面装饰的GRC采用两种吊挂方式：预埋不锈钢套筒加转接件与钢结构连接、预埋不锈钢T形件直接或加转接件与钢结构连接。立面上的GRC构件则主要采用挂点连接的方式进行固定。

要想将表面的GRC构件实现浑然一体的拼接，最关键的一步就是怎样实现背后次钢结构的精确生产、精细安装。但由于中庭的圆筒形构造，次钢构件需要在空间 XY 平面上确保与GRC构件弧度的贴合，而同时立面多变的样式构造又需要次钢构件确保在 YZ 平面上能与GRC构件的造型协调同步。这样三维空间中的复杂弯曲精度控制难度非常大。而这部分次钢的内容在美方的原设计中是空白的，完全由承包商来设计、加工、安装完成。

面对这一难题，通过数字化深化技术的深度介入，在模型中三维空间布设次钢结构，提取空间中的弧形曲线作为参考，生成曲面型钢构件。将成品构件的生产误差控制在空间2mm以内。从而确保了在现场安装后，所有的次钢完成误差在10mm以内，确保现场安装顺利高效。同时将完成的次钢结构模型导入结构计算软件，结构钢架经过计算，满足受力要求（图7-10～图7-12）。

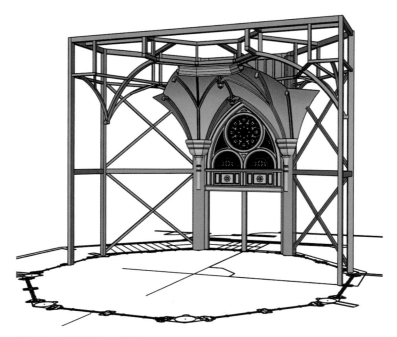

图7-10　中庭钢架BIM模型

图7-11　城堡中庭次钢整体模型　　　　　　　　　图7-12　城堡中庭完成效果

7.1.2　异型外立面次钢结构数字化深化技术

在异型外立面数字化次钢设计中，原则为MAI构件的挂接及安装点位进行空间确定。无论是次钢加工还是MAI构件的生产都以这个数据为准，任何单方面的对于尺寸的调整都是禁止的。这样才能保证产品运抵现场以后能够成功地安装。因此深化流程为：①进行构造深化并分块；②设置背后连接形式及位置；③确定主结构与构件连接的背肋位置；④确定肋的厚度；⑤验算受力节点。

城堡塔身老虎窗从最早方案到最终版截稿经历过多次修改，主要原因是建筑师希望在形体上加入一些符合中国文化的元素。在老虎窗构件深化模型完成后，进行次钢深化，包括角码以及与主钢之间的连接件（图7-13）。

在设计背肋位置时将主体结构和装饰构件进行整合，观察装饰构件与结构之间形成的空间形态，设计最适合的钢结构连接。过程中经过受力计算要求背肋厚度为70mm，原设计图纸与模型中只考虑了外立面限制厚度为30mm厚度的GRC，主题乐园的艺术要求是保证原效果，不得放大表皮，因此，核对了所有的主钢结构和表皮的距离，所有小于70mm的位置，反向调整主钢结构，全部内缩（图7-14）。

图7-13 老虎窗不同阶段的模型精度

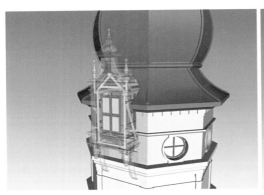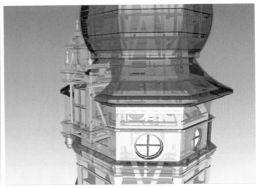

图7-14 艺术构件内部次钢深化

7.1.3 装饰工程的数字化出图技术

1. MAI构件数字化出图技术

由于城堡中庭的施工图不成熟，在深化过程中就需要不断完善其施工图方案。其深化内容包含创意图、构件产品深化图、安装节点图、装饰立面综合信息图、构件加工表、连接件加工图，为完成深化设计采用了手绘、数字化建模、统计、出图的方式。

在与业主设计师沟通创意图及深化模型后，就进入产品深化阶段。首先是确定GRC安装方式，在模型中考虑其空间关系，顶面构件多采用吊挂方式，常用连接形式分别为：①预埋不锈钢套筒加转接件与钢结构连接；②预埋不锈钢T形件直接或加转接件与钢结构连接；③预埋不锈钢L形件直接或加转接件与钢结构连接，是否加转接件由安装空间和产品及钢架结构加工精度决定（图7-15）。

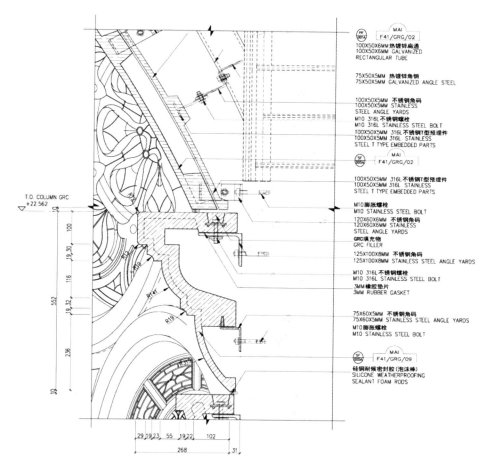

图7-15　安装节点3

在综合立面图阶段，对城堡中庭这样复杂的区域来说，二维图纸往往不能将所有施工所需要的图纸绘制完整，于是利用整合模型切图的优势，将此装饰立面中所有的信息综合。综合立面图整合了产品安装基层钢架信息、产品信息、饰面信息、建筑结构信息、机电安装信息。在综合立面模型中协调各专业的位置关系，标注信息，完成综合立面图（图7-16、图7-17）。

在产品加工阶段，以城堡单体为例，有12000多个MAI构件，仅是中庭区域内的单件产品数量多达300件，为方便产品加工的管理，利用模型构件清单的基础信息对每个产品单项编号表格化管理。GRC编号方式为：区域名称+材质+编号+分件。如F41（原IFC立面号A-541）-GFRC（构件类型）-10（构件编号）-G（分件）。这样在同一个单体里，这个编号就是唯一的，便于查找。同时外立面综合信息图还会将其他专业连接到MAI构件上的信息也反映进去，方便我们了解MAI构件安装的周边环境及搭接的材料（图7-18）。

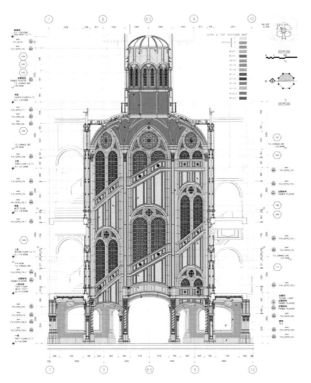

图7-16　中庭立面综合信息图　　　　　　　　　图7-17　中庭立面综合BIM模型

401 单体 545 区构件表								
分区	原始图纸编号	下单图编号	编号（分件）		图样	原型数量	模具数量	产品数量
35		VC–113		F41–GFRC–10–G		1	1	8
36		VC–114	F41–GFRC–09	F41–GFRC–9–A		1	1	8

图7-18　GRC构件表

加工图是为了方便工厂加工和产品质量的验收，加工图只针对单个构件的外形和安装点位（图7-19、图7-20）。

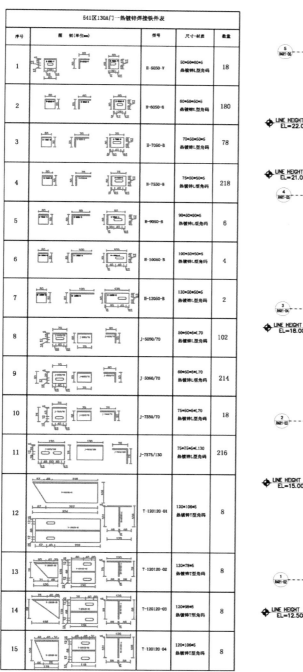

图7-19　GRC构件连接件加工图

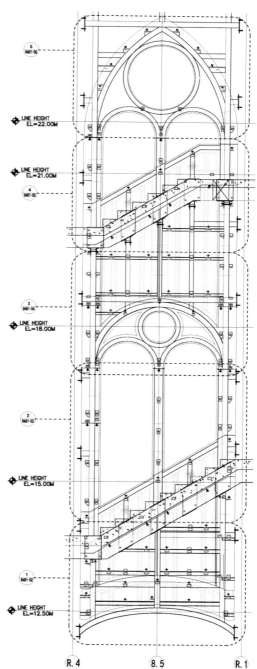

图7-20　GRC构件安装定位图

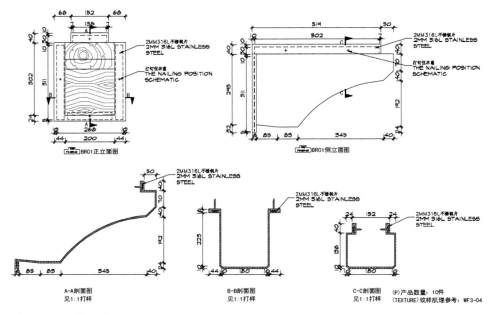

图7-21 GRC产品图

产品图的深化服务和产品的加工，其中对于MAI构件的分模、加固、开孔等均有明确的信息。根据之前已经通过审批的综合立面图，以及生产开工交底会上确认的细节，相关人员将绘制产品深化图，工厂严格根据图纸进行加工生产（图7-21）。

2. 立面大样数字化出图技术

由于业主要求和项目深化设计的需求，在深化之初就要求装饰专业达到模型出图的标准。在建模前期需要绘制轴网和标高，不同的标高可以切换到相应标高的平面视图，在平面视图中根据自己需要做剖切，生成剖面视图。平、立、剖三个视图都是与三维模型有直接关联性，修改任一视图，与其对应的其他视图模型跟随变化（图7-22）。

通过建筑模型直接导出立面图，由于软件功能限制，直接由模型导出的图纸很可能缺失线条，一般无法将零件或构件模型做得十分精确，如艺术构件的花纹肌理和屋面瓦片等。直接使用模型导出的图中有很多杂线，图案填充、线条问题也有很多。因此由模型导出的图纸必须经过二次加工才能使用。在项目中，经过多方面协商，考虑BIM出图的优缺点，最终设计师确定装饰施工立面图须完全由BIM模型导出，平面图、剖面图外轮廓必须由BIM模型导出，节点以及详图则是直接在CAD中绘制（图7-23、图7-24）。

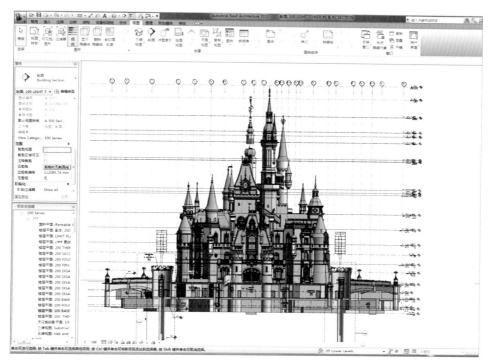

图7-22 城堡建筑正立面模型

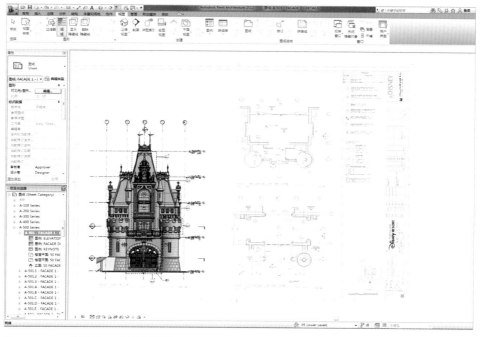

图7-23 Revit中城堡501立面建筑图

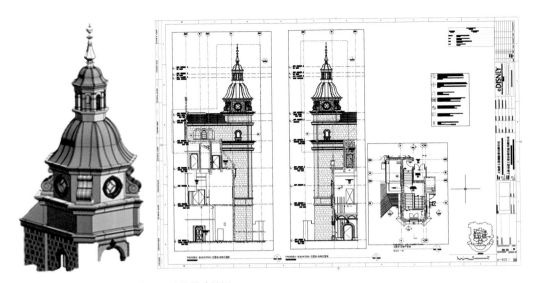

图7-24　Revit中城堡塔楼外立面及楼梯建筑图

对于模型出图工作，项目业主提供了一个关于Revit出图线型及图层设置的文档，我方BIM团队在此基础上进行调整，改为更加适合装饰工程的设置。

出图过程中，为了便于管理与查找，在Revit中单独创建了装饰的图纸选择集，以及各种装饰天花、详图选择集。出图时建筑模型无法囊括"六面体"图纸中的全部内容，对于其他专业相关的模型我们采用模型链接方式，通过这种方式

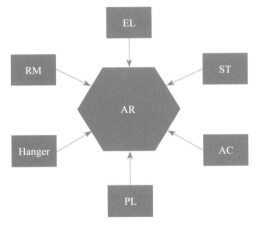

图7-25　装饰出图模型链接

我们可以在不修改其他专业模型的前提下，将其内容体现在装饰模型中（图7-25）。

在出图设置以及链接文件工作完成后即可开始模型出图工作，其主要工作流程（图7-26）为：

①设置图框；②通过模型生成平、立面图；③在平面图中框选详图分区；④标注工作；⑤图纸导出；⑥CAD微调；⑦图纸上传。

在使用Revit出图过程中，如果每张图纸分别调整视图属性将十分繁琐，所以使用了视图样板（图7-27）功能，设置好一个样板后将之应用于其他同属性的图纸中，可以提高出图工作效率。而对于材质及构件编号的标注则要方便得多，建模时

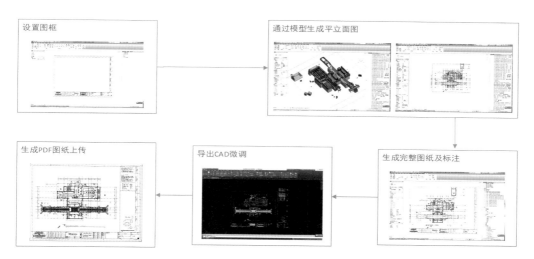

图7-26　装饰工程数字化出图流程

图7-27　视图样本

图7-28　全部标记功能

如果添加了相应的属性，可以通过"全部标记"（图7-28）功能一次性添加所有同类构件的标注。

在实际施工中必然存在误差的问题，但现在的技术条件下却不可能将施工误差全部整合进模型中，这就导致部分模型出的图纸在实际施工中无法使用，目前尚未找到更好的方法避免此问题，只能在节点设计时考虑调节范围。

7.1.4　多曲面异型屋面的数字化深化技术

主题乐园为了给游客营造出身临其境的效果，单体造型都是模仿主题乐园特色的奇幻乡村风格，体现这些风格最直观的就是一个个建筑屋面。402皮诺丘乡村厨房、403小飞侠天空奇遇、408小熊维尼历险记是乡村组合造型屋面，406老藤树食

图7-29 402、406多曲面异型屋面造型

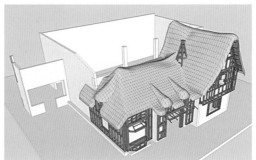

图7-30 408小熊维尼历险记售卖区屋面参考照片　　图7-31 屋面模型设计师手绘意见

栈更是模仿被风吹歪，摇摇欲坠的效果。此类造型效果从设计而言是非常具有美感的设计，可也是施工方最难以把握的，从形态深化到施工均有难度。常规二维设计图纸无法清晰地表达这些屋面（图7-29）。

根据以上难点，使用数字化模型深化方式，利用BIM软件构建出基本的屋面造型，将图纸上表达不清的地方通过整体三维造型设计确认每个细节点的位置。而造型与造型交接的位置通过模型空间交汇产生的三维交线来确定造型定位。

在深化上巧妙利用BIM软件进行逆向设计，即根据图纸或照片建立表皮模型→设计确认→支撑体系深化→支撑体系细化→出图（图7-30、图7-31）。

以408小熊维尼历险记售卖区屋面为例，前期现场的深化设计通过二维图纸和设计师沟通、定位，经过将近一年的时间，依然无法完整出图（图7-32）。

在此背景下，BIM工程师和业主设计师沟通后，以中国香港园区相同单体的照片为外形初步建模。根据照片提供的特征，发现整个屋面造型是一个弧度缓慢下垂的曲面造型，整体曲线显得非常饱满，在这样的设计要求下，Revit软件无法胜任，于是采用了曲线曲面处理非常优异的Rhino软件。首先利用图纸上提供的定位线，

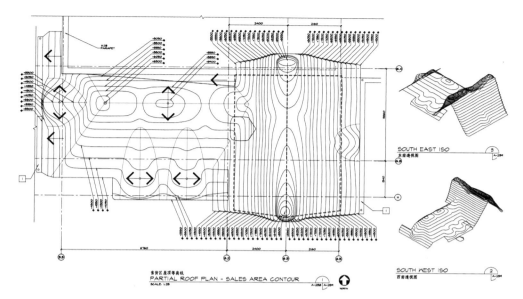

图7-32　408小熊维尼历险记售卖区屋面原建筑图纸

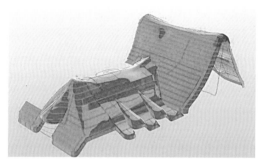

图7-33　Rhino生成光滑曲面408屋面模型

图7-34　408屋面次钢深化点位网格图及背后次钢深化

生成基本曲面造型。利用Nurbs曲线运算方式，多次进行重构曲线计算以及曲线控制点位置调整。图7-33所示的两个坡屋面与老虎窗都是独立创建的，下一步需要将它们组合起来，使用照片叠底的方式将这几个单独的形体放置到照片对应的位置，进行布尔运算后这些互相独立的造型融合在一起，完整地在Rhino中重构了这个特色屋面。在此过程中设计师不断给出修改意见（图7-34），持续反复修改，最终趋于设计师原始的设计意图。此屋面模型就作为下游团队三维深化的基础，继续以三维的方式深化设计次钢等元素。

　　根据外表皮造型推出需要的水泥喷浆的厚度，决定钢筋覆网位置，这一步决定了次刚结构的深化长度。在栅格化水泥喷浆面后，深化外表皮造型与混凝土或钢结构之间的传力结构即次钢结构，完成屋面从造型到结构深化的最终成型。通过该方案完美地完成了多曲异型曲面的深化设计工作，既确保了屋面效果达到设计效果，又对基层支撑体系的每个细节进行了明确。

7.2 装饰装修工程数字化加工技术

主题乐园城堡的室内装饰元素非常丰富，在墙体立面上，设计师大量运用了富有主题元素的立体装饰和平面图案；而在吊顶等部位，则通过几何构造等营造丰富的空间层次感，令整个室内空间灵动迷人。然而这大量的附加元素若以传统的施工技术来应对则需要面对大量美中不足之处，如墙面喷绘、主题元素粘贴工序中部分材料不可避免地带来的室内污染，如吊顶多变的几何造型所带来的材料切割浪费，又如复杂的几何造型所带来的施工周期延长等。然而随着CNC数控中心和3D打印技术的运用，这些问题都得以迎刃而解。CNC数控中心和3D打印技术令镂空设计、复杂形态的设计和复杂几何造型的设计都变得得心应手，线条之间的连接更加连贯，几乎没有断点的位置，实际设计与样板间展示也几乎是完全一致，这无疑是对装饰施工水平的飞跃式提升。

7.2.1 艺术构件的数字化3D打印技术

3D打印是一种数字化直接成型技术，它以数字化模型文件为基础，运用粉末状金属或塑料等可粘合材料，通过逐层打印的方式来构造物体。在装饰工程伊始考虑到一些精美的艺术构件的加工工艺困难，如果设计模型能够一脉相承地应用到加工，就能实现从深化设计模型到加工的一体化。于是在艺术构件制作过程中，尝试了三维打印技术，以此达到造型控制，克服加工工艺困难的问题。

在艺术构件制作过程中，利用三维打印技术，导入模型信息后可以直接打印出标准的艺术构件，减少了传统方法中繁复的构件制作步骤，直接得到产品。对于局部肌理的精细操作，后期可进行适当的人工雕刻以臻完美。这极大地缩短了构件的制作周期。

1. 3D打印流程

三维打印从广义上分为五个步骤。首先3D模型生成，利用软件建模，获取生成可导入3D打印机基本设备的模型数据。将上述得到的3D模型转化为3D打印的STL格式文件。STL是3D打印业界所应用的标准文件类型，它是以小三角面片为基本单位，即三角网格离散地近似描述三维实体模型的表面。然后对三角网格格式的模型进行数字"切片"，将其切为一片片的薄层，每一层对应着将来3D打印的物理

图7-35　3D打印流程

薄层。切片所得到的每个虚拟薄层都反映着最终打印物体的一个横截面，在打印机打印时需要进行类似光栅扫描式填满内部轮廓。因此，需要规划出具体的打印路径，并对其进行合理的优化，以得到更好更快的打印效果。最后输入三维打印机进行三维打印（图7-35）。

2. 3D打印物体分割

考虑到需要打印的艺术构件要大于打印机的打印空间，如果要将其3D打印，一个可行的解决方案就是将其分割为一块块可打印的对象，然后再将其组装成型。另外不分割模型就需要提前给打印模型增加支撑构件，因为打印时构件并不是一个整体，可能会无法达到自平衡。针对这个问题，考虑常规二分法切割，即平均将二维对象一分为二，逐步细化，最终整个模型可形成一个层次的分割结构，但是它的局限在于只采用平面分割，面对造型复杂的艺术构件直接平面分割容易破坏它的线条造型。于是项目使用Magics软件进行模型拆分重构。

首先对模型进行区域划分，用切割、打孔的功能实现，然后绘制多段线划出要切割的形状。切割完成后选取切割好的底部基座使其成为闭合壳体，从而成为一个单独的构件（图7-36）。

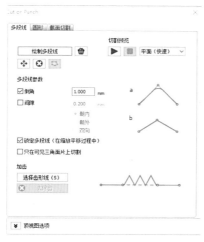

图7-36　3D打印构件拆分

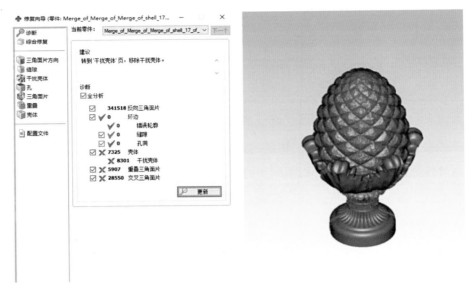

图7-37　3D打印模型修复

切割模型的时候会给模型带来切割过的痕迹，基座的其余部分，比如叶瓣的部分也包含在内了，所以这个时候要对模型进行修复（图7-37）。

3. 3D打印构件分层

3D打印技术和激光成型技术一样，都是采用逐层打印、堆叠成型的模式进行实体打印。首先3D打印机在读取设计文件横截面数据的指令下，先在打印区域喷洒出不易扩散的熔融液态材料，再均匀喷出一层粉末，当粉末与液态材料相遇时会迅速凝固，使其固化成一个特殊的平面薄层。当第一层固化完成后，3D打印机打印头会返回执行下一层打印。使用Flashprint软件进行模型切割，从建模软件导入切片软件中，会出现轻微尺寸偏差。需要先将模型的尺寸调准（图7-38）。

切割方向选择X、Y、Z平面中的一个，选中需要切割的模型，根据切割位置会自动生成切割平面，此时可以根据需要选择切割平面，拖动切割平面位置到需要切割的位置或者在切割位置处输入具体数值，对模型进行切割（图7-39）。

使用三维打印技术从设计阶段开始即可对构件进行加工分析，利用软件进行三维建模并深化细节，速度快、精度高，且无材料损耗。设计师可对此模型进行检查核对，发现问题及时修改。建模完成后，软件工程师可以根据设计师的意图准确模拟出待打印构件的尺寸和样式，对于艺术构件内部复杂的线条，凹凸不平的表面特征，利用软件精准切割调整。最终使用打印的方式得到构件实体。

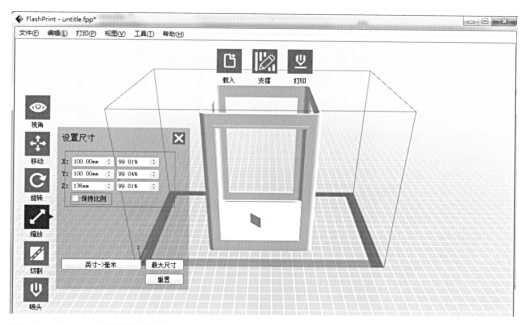

图7-38　Flashprint中模型尺寸调整

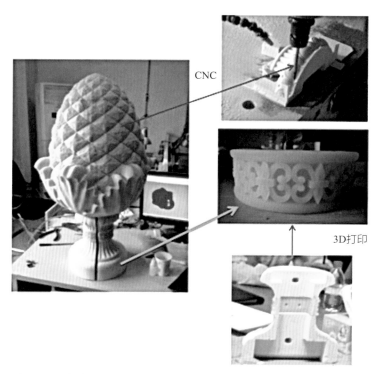

图7-39　3D打印实物及连接构造

7.2.2 大模板异形构件数字化加工技术

面对双曲造型的异型构件，利用数字化大模板加工技术，根据已经确认的方案模型，导出GRG产品生产下单图，然后根据分模尺寸，出木模模具下单图如图7-40所示。

根据模型出木模的组装图，以指导模具组装并复核模具尺寸，按照组装图，将CNC雕刻好的木板一次组装成型。并按图复核尺寸（图7-41）。

接着进行模具复核，先复核模具对角线长、弦长数据，并检验法兰边、填缝槽等工艺。然后进行GRG产品生产（图7-42）。

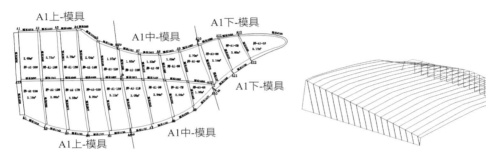

图7-40 异形构件模具设计图

图7-41 异形构件模具模型定位图

图7-42 异形构件模具现场照片

7.3 装饰装修工程数字化施工控制技术

7.3.1 超平混凝土数字化施工技术

在主题乐园408小熊维尼历险记游艺单体里，游客乘坐地面小火车按照蜿蜒曲折的轨道观赏游艺区的各种不同主题的场景。场景区地面均为超平75mm厚彩色混凝土地面。为了保证小火车行驶过程中的平稳度和游客的舒适度，设计师要求轨道区域的平整度必须按照美国混凝土协会（American Concrete Institute）和加拿大标准协会（Canadian Standard Association）规范，量测混凝土地坪平整及高差的标准F值进行检测，并达到1类地坪的标准（即FF/FL值≥50）。F值分为FF（平整度）和FL（水平度）两方面，F值既控制地面的轮廓又控制其崎岖不平的程度，如果把地面剖面作为一种波浪的话，FF值就是其幅值，FL值就是其周期/频率，这样就系统地反映了地面的平整情况（图7–43）。

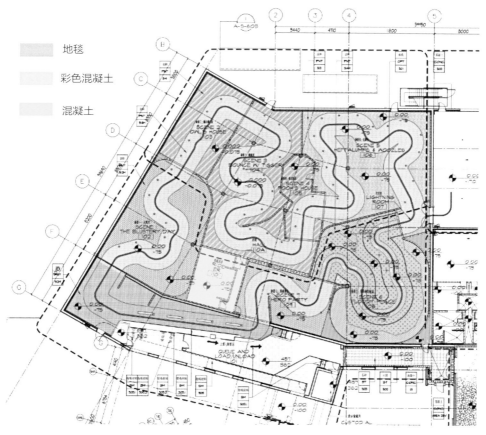

图7–43　408超平混凝土范围

1. 超平混凝土模板设计和加工

在一般情况下混凝土按照施工方式有整体浇筑、分区浇筑，模板有木模板、钢模板等形式。为达到设计要求，项目部对各种模板形式进行了对比。

首先考虑钢模板，因为钢模是成型质量最好的一种模板，能有效支撑混凝土，防止混凝土挤压过程中造成的变形。但钢模板曲线弯折困难，难以做出复杂的蜿蜒曲折"大肠形"轨道模板，因此被否定了。而常规木模板在浇筑过程中容易被胀开变形，从而导致模板上标高错位，难以达到要求的质量。

面对这样两难的处境，项目上利用木模板的可加工性加入钢模板的稳定性元素，形成一种新型模板。即设计出全新的木模板体系，让本来单薄的木模板横向放置，令其加工方便，施工简单，完全可以满足现场复杂形状的需求。但横向木模板需要多层木模板叠加或增加围挡（图7-44、图7-45）。

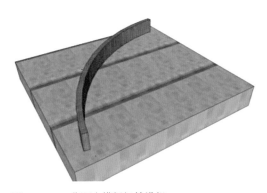

图7-44　408曲面木模板初始设想

由于精度要求高，一次成型基本不可能，需要经过数次从十几毫米到几毫米再到零点几毫米误差的调整，因此模板必须可微调。在这里采用了膨胀螺栓作为木模板的固定方式，利用丝口进行调节。这样既满足了模板的固定要求，又满足了微调要求（图7-46）。

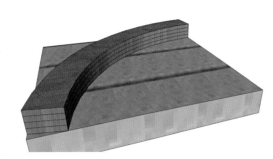

图7-45　让木模板"躺下来"设想

通过上述设计历程，最终形成了木板与铝条相结合的组合模板设计方案，膨胀螺栓作为固定和调节工具，横向木板作为轨道形状的控制工具，铝条则是靠尺刮平的基础。为了满足实际现场施工需求，在模型中模拟了浇筑前模板支设，进一步深化地坪的加强钢筋与铝条位置处碰撞的地方，在空间中调整开孔大小，检验合理性（图7-47）。

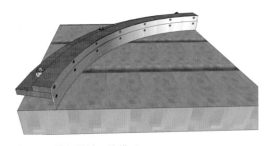

图7-46　模板设计三维模型

在绘制完成模板加工三维模型后，将模板模型套料排版，并在排版图上进行详细的尺寸标注。并根据三维图和模板加工的多层板尺寸进行分块和编号（图7-48）。

最终将模板模型信息发送至CNC加工中心进行数字化加工（图7-49）。

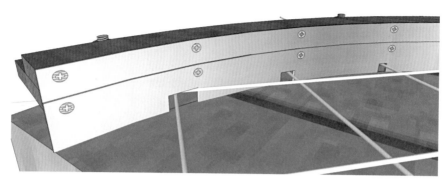

图7-47　模板铝条钢筋调整模型

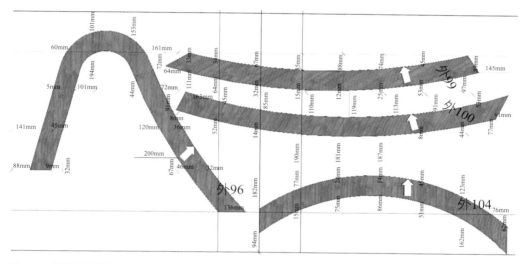

图7-48　模板套料分块和编号

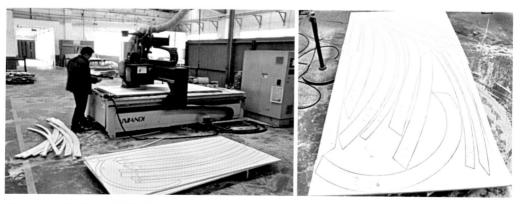

图7-49　CNC数控中心进行模板加工

2. 超平混凝土整平数字化控制技术

人工进行地坪施工时，采用振捣棒进行点式振捣，往往会出现空鼓、开裂、找平不准确等问题，施工质量远远达不到超平混凝土的施工需求。为了在施工时控制混凝土的平整度，项目采用混凝土激光整平机进行混凝土地坪施工（图7-50）。

激光整平机是以发射器发射的激光为基准平面，通过激光整平机上的激光接收器实时控制整平头，从而实现混凝土高精度、快速整平的设备。过程中全站仪设置的标高基准点与移动的激光发射器不断比较，行进过程中激光发射器将激光发射到校正好的激光接收器上，激光接收器将根据收到的激光高度与混凝土整平高度进行对比并发出不同的颜色和提示（红色为偏高，绿色为误差在0.5mm以内，蓝色为偏低）。机器将根据不平整度的情况进行进一步整平。

在408超平混凝土施工应用中首先需要设置基准点和布置发射器。在混凝土浇筑之前根据结构完成标高线加设计混凝土厚度确定指定标高，并设置基准点，在地面大约中央位置设立固定不变的永久性基准点。一般永久性基准点设立在设备基础或柱脚基础上（图7-51）或设置在柱子中心上，其余设置在混凝土墙上。然后，根据设置的地面水平基准点和施工的位置布设激光发射器的位置，位置确保激光扫平

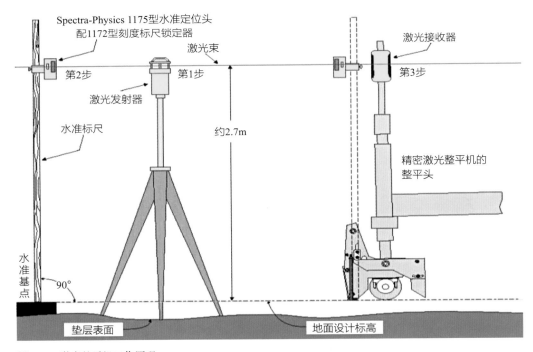

图7-50 激光整平机工作原理

图7-51 设置基准点和布置发射器

图7-52 超平混凝土现场浇筑照片

机在施工过程中任何位置均可接收到激光发射器的信号。

第一步，激光扫平机调试，根据信号发射器发射的信号调整混凝土扫平机工作头的水平及高度，确保其高度处于混凝土地面的表面水准，同时使用混凝土扫平机工作头处于水平状态，工作头两端高差不得超过0.5mm；

第二步，激光整平机开到振捣完毕并初平的混凝土表面，在激光发射器的引导下有序地对混凝土进行精确刮平同时振动整平。整平过程中以同一方向为原则，局部边角处由专人进行手工刮平（图7-52）。

值得注意的是，操作时安装激光发射器时要注意避开障碍物。激光整平机整平作业时行进速度不可过快。混凝土整平前要进行初平，初平后的混凝土要高于既定标高以上10～15mm。

通过数字化机器整平，在混凝土施工完成后进行平整度检测，符合业主所需求的$FF/FL \geqslant 50$的要求。

7.3.2 高耸塔装饰构筑物的脚手架施工技术

1. 塔尖脚手架方案设计

城堡是主题乐园标志性的建筑物，城堡外观最有特色的地方是高耸的群塔，屋面以上主要塔体共计8个，塔身主体为钢结构，群塔塔身以主题抹灰和GRC构件为主，造型优美却又形态各异。在施工时塔脚手架由落地脚手及临时工作平台两部分组成。为满足塔身吊装就位后在高空中完成后续装饰作业的操作要求，需要沿塔身从下至上，配合塔尖造型的变化搭设操作脚手架（图7-53）。

该装饰脚手从伊始就面临了各种棘手的难题。如城堡塔楼的立面造型多变，外扩与内缩的幅度较大，在脚手搭设平台上还布置有大量机电设备，直接在平面图上合理排布立杆，提供安全、便利的操作距离难度较大；又如塔楼外饰面较为复杂，并不存

图7-53 群塔效果图

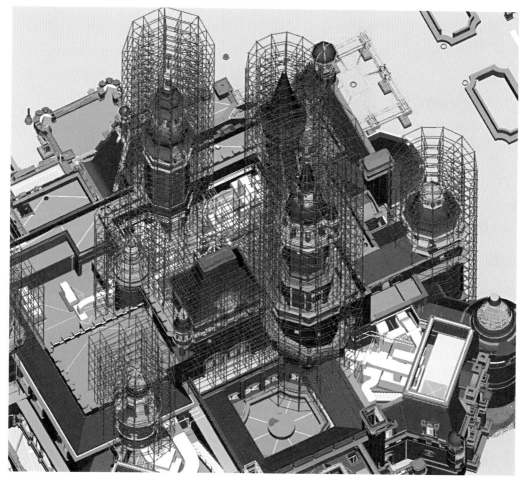

图7-54　塔尖脚手架搭设

在常规脚手架在主体结构中预埋拉结的施工条件，因此如何合理设计脚手拉结，既确保施工安全又能保障外立面的美观完整也是极大的挑战。于是项目在塔身脚手架搭设上借助数字化BIM技术所带来的直观、前瞻性，上述难题将迎刃而解（图7-54）。

针对立杆排布难度大的难点，首先在Revit中找出塔身在装饰完成后的最大轮廓线，拟定脚手立杆排布轮廓。在Rhino软件中根据规范要求将轮廓线向外扩大400mm，然后再确定立杆、横杆位置，初步做出脚手架轮廓线条。运用Grasshopper插件制作一个参数化脚本将做好的脚手架线条生成三维模型（图7-55、图7-56）。

把与脚手架相关的其他专业模型导入Rhino中，复核脚手是否与其他相关专业碰撞，作出相应调整，最终交于方案编制人员，同时导出Dwg格式，整合到城堡模型当中（图7-57）。

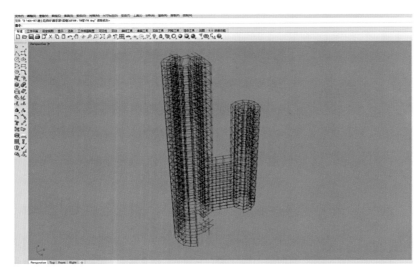

图7-55　Rhino中依据装饰外轮廓设计塔尖脚手架

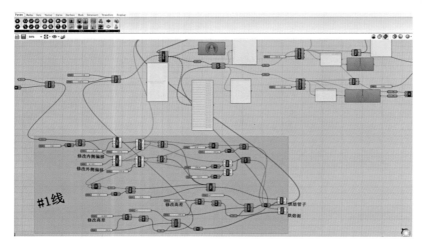

图7-56　塔尖脚手架Grasshopper参数化脚本

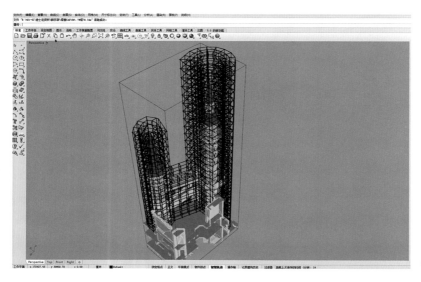

图7-57　塔尖脚手架碰撞检测及修改

而针对装饰脚手拉结难度较大的难题，则可通过BIM模型来直观定位脚手架拉结位置。7号塔脚手架的架体拉结巧妙利用了塔身频闪灯和塔上镂空造型的孔洞，采用钢筋焊接于塔身主体钢构连接形式，让脚手架与主体钢结构之间形成了有效的硬拉结。频闪灯在塔身上呈螺旋上升布置，且间距较为均匀，基本满足架体拉结的需要。局部无频闪灯部位，利用塔身上的窗洞和局部装饰构件开孔进行弥补。图7-58为脚手架拉结定位模型。

图7-58　塔尖脚手架拉结定位

数字化装饰脚手架设计利用多种非常规构造的组合，并且通过碰撞检测避免后期返工。通过频闪灯点位及窗洞口的利用基本满足了架体拉结的需求，架体使用中安全性也得到了保证（图7-59）。

2. 城堡塔尖吊装方案数字化模拟

在上海主题乐园梦幻世界

图7-59　塔尖脚手架现场实施照片

屋面有8个大塔，其基层为钢架，饰面为GRC构件。塔的高度从8m到30m不等，大小也各不一样。若采取传统的高空进行GRC安装，一方面是施工空间不允许，另一方面数千件构件的垂直运输与堆放、高空作业的进度和质量也无法控制，因此综合考虑下来进行地面拼装、分段吊装、空中组合的形式进行塔的施工。

因7号塔为8座塔尖中的最高塔，故以7号塔为例，塔身呈八边形，从屋面（+21.000m标高）至塔尖金属尖顶（+69.000m标高）共计48m。脚手架搭设高度

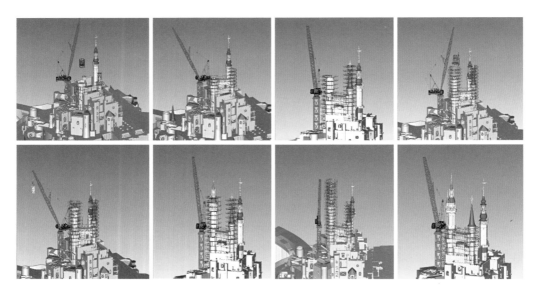

图7-60　7号塔及连廊数字化模拟吊装方案

44m（+21.000～+65.000m标高）。

　　7号塔吊装需要考虑6号塔和7号塔之间的连廊进行施工模拟。根据计算机方案模拟后，连桥采用钢结构安装完成后再在高空安装GRC的方案。确定了工序为：①安装塔6和7底部一段；②安装连接主钢构；③安装塔6和塔7其余分段；④安装连桥GRC（图7-60）。

7.3.3　装饰工程的数字化留档技术

　　在主题乐园梦幻世界项目上有着36000多平方米的主题抹灰的施工。主题抹灰采用水泥为主要材料，制作成各种仿真"城堡石墙""仿古砖墙""朽木木头""动物造型"等带有故事背景的主题装饰艺术，是雕刻师手工将水泥砂浆混合物通过抹、刻、勾、划、挤、压等雕刻手法尽可能恰当地体现出砖、木材、瓷砖、金属、天然石或类似饰面。该施工工序一般为"基层清理→造型制作→钢丝网绑扎→打底喷涂→养护→中间层喷涂→养护→面层雕刻施工→

图7-61　408立面主题抹灰及小样

养护"。主题抹灰工艺工序繁琐、工序之间养护时间长，同时面层雕刻施工工艺复杂，一般一个成熟的雕刻师一天仅能制作2m²左右的仿木纹主题效果。图7-61小熊维尼的木窗立面施工了近3个月，右侧为其小样。

图7-62　小样区

主题乐园对于主题效果的控制是非常严格的，所有不同的立面，都需要完成小样，才能进行现场实样。后场区设置了专门的小样区，在小样区艺术指导会现场雕刻教学，这就是主题乐园的核心标准。所有的不同类型的主题抹灰都有对应的小样存档（图7-62）。

对于此类珍贵的工程资料，仅仅用照片保留是无法展现其肌理的精髓的。由于其建筑信息独特，因此采用三维扫描技术对其信息进行保存，记录其造型线条、抹灰厚度、工艺效果等特点。其扫描流程如图7-63所示。

根据被扫描物体情况粘贴标签点，确认标签点的相对位置，建立坐标系统。在标签点、标签条、标签块设置完成后，利用数码相机进行拍照，所拍照片需要全面、完整，保证后期数据的精

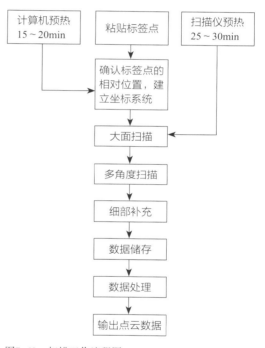

图7-63　扫描工作流程图

确拼合。在6m内的精度误差在0.2mm。将照相机照片导入计算机内，计算机将自动识别各标签点，并计算出标签点的相对位置，建立一个坐标系统。这样可以有效控制模型上的参考点，确保高精确度和稳定性（图7-64）。

之后进行大面扫描，对扫描仪进行标定，加强数据的精确性，误差范围缩小到0.03像素以内，对镜头进行调整以便获取最佳的模型数据。针对此小样，我们使用的是M500的镜头组，有效扫描距离为500～900mm，光源照射到模型表面的面积即一次扫描模型范围（图7-65）。

图7-64　主题抹灰小样扫描标签

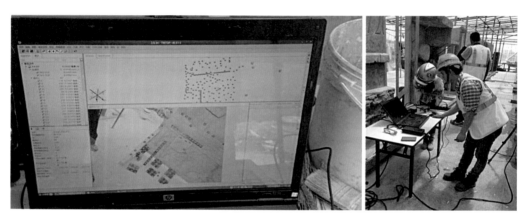

图7-65　扫描数据检查

图7-66　细部扫描补充

图7-67　扫描文件后的处理对比

　　大面扫描后需要对角度扫描，细部补充，经过二次扫描后，大部分构件数据已经获取。但对于有些刻入深度较深的地方或者一些边角的地方无法进行扫描，必须在采用一些特殊的支架进行支撑后进行扫描，对大面扫描进行补充（图7-66）。

　　待扫描完成后检查数据的完整性，例如极小的缝隙、深坑等扫描不到的结构，通过电脑进行填补处理以达到扫描模型的完整性。完成模型后进行模型储存。

　　对重叠、杂点、不准确点进行清除以及优化，对未扫描到的点、漏洞部分进行修补处理，对模型外部不需要的部分进行删除，对标签点位置根据其周边线条趋势进行补充，最终存档（图7-67）。

第8章

塑石假山数字化建造技术

塑石假山是主题乐园最具特色的元素之一，园区中坐落有七个小矮人矿山飞车假山、雷鸣山假山、奇幻童话城堡假山、晶彩奇航航道假山等几处主要塑石假山。其中，造型绵延多变的七个小矮人矿山飞车假山和高耸矗立的雷鸣山假山是园区内最具有代表性的塑石假山山体。图8-1为雷鸣山塑石假山，图8-2为七个小矮人矿山飞车塑石假山。

以七个小矮人矿山飞车项目为例，其假山造型绵延多变，构成逼真的矿山造型。该塑石假山由假山钢结构和假山表皮两大部分组成。假山钢结构构成了其内部骨架，假山表皮则赋予其惟妙惟肖的外形。图8-3为假山钢结构与假山表皮。

图8-1　雷鸣山塑石假山　　图8-2　七个小矮人矿山飞车塑石假山

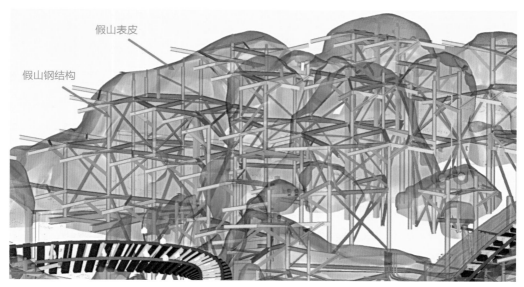

图8-3　假山钢结构与假山表皮

（a）网片安装　　　　　　　　　　　　（b）喷浆

（c）雕刻　　　　　　　　　　　　　　（d）上色

图8-4　假山表皮建造流程

　　假山表皮按建造流程可进一步细分为钢筋网片、封装拉毛层、雕刻层和上色层。其中，假山钢筋网片奠定了塑石假山的宏观造型；封装拉毛层与雕刻层共同形成了塑石假山的"血肉"，同时赋予了其逼真细腻的纹理；而最终的上色层则画龙点睛地令足以乱真的塑石假山呈现在游客面前。假山表皮建造流程见图8-4。

　　主题乐园的塑石假山不但形神兼备，而且集主题布景、游艺体验于一体。如何在保证游客感官体验的同时合理协调众多繁杂的专业，确保游客游艺过程的安全，就对塑石假山建造的精度、质量控制提出了极高的要求。

　　为此，主题乐园的塑石假山采用了先进的设计、施工方法。在初步设计阶段，不同于常规建筑设计的正向开发流程，主题乐园的塑石假山采取了"小样→电子数据→图纸（处理模型）→产品"的逆向开发过程（即逆向工程）。园区内的假山全部预先制作1：25手工模型；然后对成品手工模型进行数码扫描，生成假山点云外形；再通过进一步的数据深化，将点云数据处理为Mesh网格。图8-5为假山1：25手工模型，图8-6为假山表皮网格模型。

图8-5 假山1∶25手工模型

图8-6 假山表皮网格模型

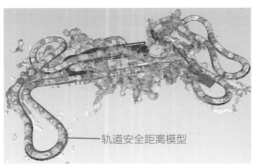

轨道安全距离模型

图8-7 游艺轨道安全距离与假山表皮碰撞检查

图8-8 已完成的次钢结构与塑石假山网片

　　而后，整合假山表皮与游艺轨道，通过设置安全距离的方式确保游客在游艺过程中不会触及假山，以确保游客安全；再通过优化算法将假山表皮网格切割为空间2m×2m×2m的单元，并设计生成结构稳定性和总体用钢量最优的假山钢结构；最终对所有已完成的次钢结构及塑石假山网片进行系统的编号，形成一一对应的预制系统关系。图8-7为游艺轨道安全距离与假山表皮碰撞检查，图8-8为已完成的次钢结构与塑石假山网片。

　　在深化设计阶段，主题乐园塑石假山运用BIM技术，实现了假山内复杂专业的空间协同优化，生成了分级制的假山网片安装深化图，并基于三维场景实现了脚手体系的精细化设计。在工厂预制加工阶段，针对主题乐园塑石假山造型复杂、精度要求高的特点，基于三维钢筋自动弯折机的运用实现了半自动化的高精度塑石假山网片预制生产。而在施工阶段，基于二维码标签技术确保了大批量假山网片的有序管理；通过机器人全站仪与三维扫描技术的结合运用对假山钢结构的安装精度进行了复核确认，并结合现场实际需求基于可移动式手持设备加载BIM模型整体提升现场施工指导水平。

8.1 塑石假山深化设计技术

8.1.1 塑石假山钢结构深化设计

主题乐园塑石假山钢结构依附于主钢结构，分为次钢框架结构、次钢结构斜撑、次钢结构水平定位梁和次钢结构竖向定位柱几个部分。图8-9为塑石假山结构示意图。

由于假山网片数量繁多、造型多变和精度要求高等特点，导致其设计工作量大、设计工作难度高、设计碰撞协调要求高等。以七个小矮人矿山飞车项目为例，其假山钢结构构件数量高达10000余件，过程中解决的碰撞点多达2600余个，以常规的二维深化技术手段已远远不能满足该项目高密度的钢结构深化工作。图8-10为七个小矮人矿山飞车项目局部假山钢结构模型。

因此，基于Tekla和Navisworks两款软件构建了如图8-11所示的假山钢结构深化设计流程。

假山钢结构与主体结构碰撞阶段：由于七个小矮人矿山飞车项目的假山钢结构极为繁多，且存在较多空间上交错的次钢结构斜撑，其空间合理性在初次布置中极难满足要求，故通过Navisworks软件对假山钢结构与主体混凝土结构、钢结构进行碰撞检查，并以假山钢结构避让主体结构为原则，尽量避免对主体结构的修改。

假山钢结构与安装、游艺专业碰撞协调阶段：七个小矮人矿山飞车项目内假山狭小的内部空间中专业交错程度极高，既有游艺轨道穿梭，又有大量的灯光、Show设备、机电专业管线等，因假山钢结构的深化设计需要同时兼顾多方面的需

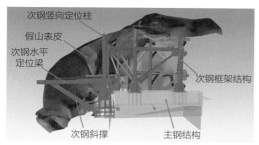

图8-9 塑石假山结构示意图

图8-10 七个小矮人矿山飞车项目局部假山钢结构

图8-11 假山钢结构深化设计流程

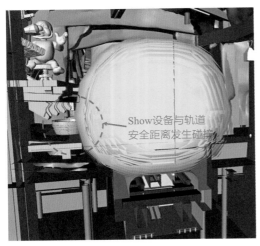
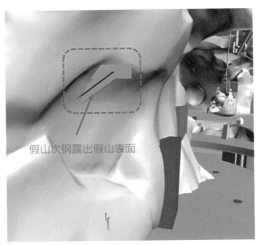

图8-12　Show设备与轨道安全距离发生碰撞　　　　图8-13　假山钢结构暴露于表皮之外

求，且任何细微调整都有可能带来全局的变动，协调难度非常大。对此，制定了假山钢结构避让游艺、Show设备、灯光设备等直接影响游客观感体验的因素，机电专业管线尽量避让假山钢结构的原则。每周召开大房会议，召集各相关专业方，共同协商解决较为复杂、难以界定的碰撞点。图8-12为Show设备与轨道安全距离发生碰撞，需要综合调整Show设备位置以及假山表皮的造型。

　　主题乐园对于游客的感官体验要求极高，任何情况下都必须确保游客能在过山车上处于"沉浸"的状态，绝不可以有突兀的工程元素暴露于游客的视线范围内。故在专业间的协调工作基本完成后，通过第三人视角按轨道运行范围漫游，检查假山钢结构是否有暴露于表皮之外的情况。图8-13为假山钢结构斜撑因假山造型的变化发生了暴露。

8.1.2　塑石假山网片安装图设计

1. 塑石假山网片安装深化图策划

　　如何用图纸准确地去表述塑石假山造型并指导施工是个工程上的难题。本项目尝试运用BIM模型中录入的完整、精确的假山造型信息予以了解决。

　　为减少初始阶段管理力量的冗余，实现高效的施工指导，基于BIM模型制作了三套深度、作用各不相同的深化图，供不同参与者使用：

　　（1）塑石假山网片钢筋深化图。供工厂使用，用于指导预制塑石假山网片时将成型钢筋拼装焊接为预制网片阶段的工作。

（2）塑石假山网片安装图。供施工班组使用，用于指导网片提取、运输、安装配对时使用。在安装配对阶段，将原有的假山分区进一步细化分割，把原有的较大的复杂造型分割成一个个较小的规整区块。这样技术人员只需要使用BIM模型在现场为每个区块定位出关键节点网片，施工班组使用塑石假山网片安装图即可自行进行配对。

（3）塑石假山网片安装详图。供施工班组使用，用于细化指导现场网片安装作业。由于塑石假山的次钢结构与每片网片之间的相对关系各不相同，而因为采用了预制拼装的实现手段，塑石假山对于精度的要求非常高。故需要更详细的详图展现每片网片与假山钢结构、混凝土主体结构等周边结构的相互关系，才能实现现场的精确安装。

2. 塑石假山网片钢筋深化图

主题乐园塑石假山的预制塑石假山网片钢筋生产均由BIM模型直接将信息导入三维钢筋弯折机自动化生产。但后续的拼装阶段需要人工实现，故塑石假山网片钢筋深化图主要体现网片构成的布置形式、定位信息，如图8-14所示。

每一根主要钢筋都会粘贴二维码标签给予编号，便于预制网片钢筋构成信息的形成。图8-14（a）图综合体现了塑石假山网片中边筋、中筋的构成、布置形式。（b）图则详细体现了这些钢筋在此塑石假山钢筋网片中的具体定位信息。

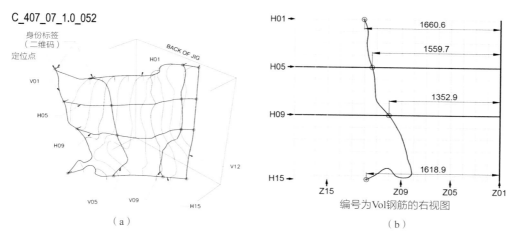

图8-14　塑石假山网片钢筋深化图

3. 塑石假山网片安装图

塑石假山网片安装图为现场提供了完整详细的塑石假山网片与钢结构的配对信息，并可给予少量的三维形体信息。每张网片安装图的图面一分为三，分别为平面图、立面图、俯瞰图，如图8-15所示。

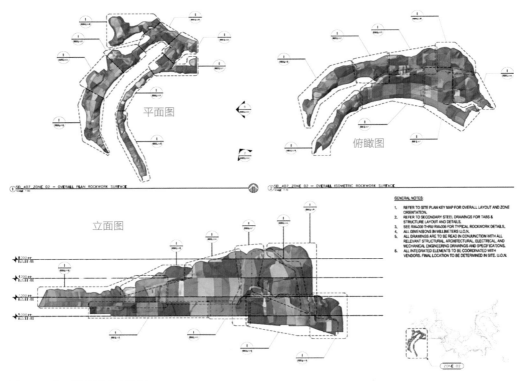

图8-15 塑石假山网片安装图

假山网片安装图以分块索引的形式展开。如图8-16所示，图（a）索引了分块图位置，图（b）则针对分块细化至网片编号。

4. 塑石假山网片安装详图

塑石假山网片安装图给予了现场施工网片与钢结构的配对信息，但是对于安装节点的详细信息则表达不全。为了进一步细化安装信息，增加塑石假山网片安装详图。详图采用画卷展开的模式。即按照安装顺序，每页展示每一片网片的详细信息。包括网片编码、对应钢结构编码、钢结构与网片搭接节点具体位置等，如图8-17所示。

8.1.3 塑石假山脚手系统设计

1. 塑石假山脚手系统的选型

主题乐园的塑石假山造型复杂，缓势与陡坡兼备，搭建落地脚手非常困难。特别是七个小矮人矿山飞车项目，由于其内部存在大量轨道和游艺设施，不能布置落地脚手。在项目策划初期针对该难点尝试了两种不同的方案，利用BIM模型进行比对：

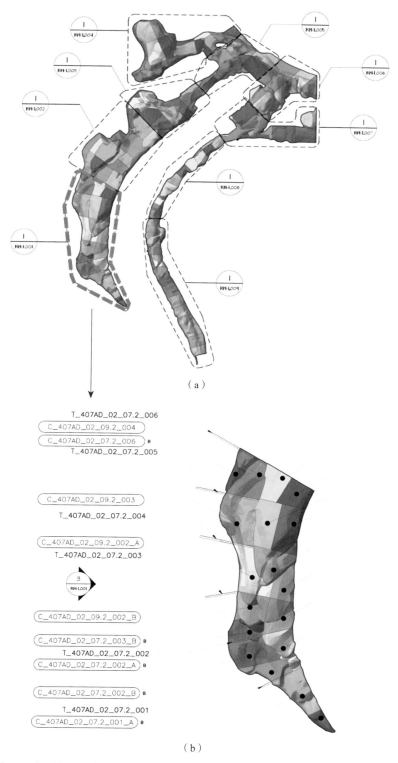

（a）

T_407AD_02_07.2_006
C_407AD_02_09.2_004
C_407AD_02_07.2_006 B
T_407AD_02_07.2_005

C_407AD_02_09.2_003
T_407AD_02_07.2_004

C_407AD_02_09.2_002_A
T_407AD_02_07.2_003

C_407AD_02_09.2_002_B

C_407AD_02_07.2_003_B B
T_407AD_02_07.2_002
C_407AD_02_07.2_002_A B

C_407AD_02_07.2_002_B B
T_407AD_02_07.2_001
C_407AD_02_07.2_001_A B

（b）

图8-16　塑石假山网片安装图索引展开

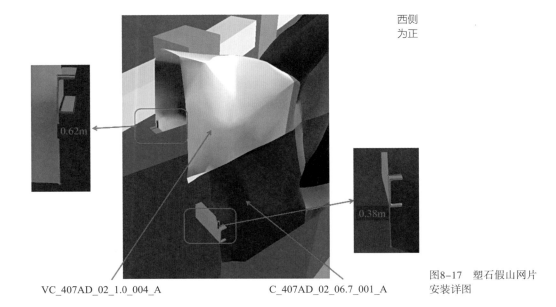

西侧
为正

0.62m

0.38m

图8-17 塑石假山网片
安装详图

VC_407AD_02_1.0_004_A   C_407AD_02_06.7_001_A

（1）在假山表皮的外侧搭设落地脚手，与内部的假山钢结构连接形成工作平台。该方案需要先在外围放出塑石假山的最大投影轮廓，以最大轮廓搭设脚手，并在每一层贴合假山的造型进行悬挑。

（2）每一层假山钢结构都挑出一定距离，在这些挑出的槽钢上铺设跳板形成临时工作平台。不便于挑出槽钢或是特别低矮的地方，则搭设落地脚手。临时工作平台与落地脚手结合形成脚手系统。

经对比研究，第一种方法由于假山造型复杂，最大投影轮廓在具体放线时可能会存在困难，令现场施工陷入多次搭拆脚手的窘境，对于山势较缓的部位还可能会存在悬挑距离过大的问题。而第二种方法虽然相比成本较高，但是不确定因素少，可实时性较高。故决定采用第二种方法。

2. **塑石假山脚手系统设计流程**

七个小矮人矿山飞车项目塑石假山同时兼具内假山和外假山两部分。其中，构成假山矿山外形的部分称作外假山，构成内部山洞的部分称为内假山。根据外假山兼具景观、游艺功能的特点，采用假山表皮、钢结构、游艺轨道三个主要影响因素为主体模型进行整合，而后在整合模型的基础上进行手工布设。最终在成型的三维信息模型基础上进行二维施工图出图。

内假山内部空间紧凑、涉及专业繁多，工况比外假山更为复杂，相较之下来自于项目本身和软件建模的难度更大。研究决定采用假山表皮、钢结构、混凝土结构三部分主体信息为基础进行初步脚手建模，而后在Navisworks中整合所有专业的信息。针对脚手布设构建从建模到碰撞再回到建模的完整BIM工作流程。详细流程如图8-18所示。

在内外假山均完成三维信息模型的构建后，将整合假山、假山脚手绑定进度计划进行4D模拟，分析其工序协作可行性。

3. 假山脚手模型构建

（1）外假山临时工作平台构建

对于外假山离地较高且附近无游艺轨道等遮挡物、便于挑出的部位，采用型钢挑脚手构成临时工作平台提供后续工序的操作面。型钢挑脚手采用假山钢结构钢梁挑出1.2m，在上面铺设脚手跳板形成。如图8-19所示为在模型中布设的临时工作平台。

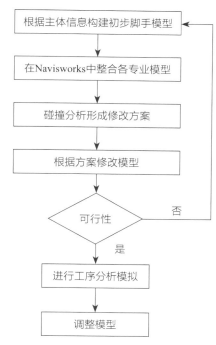

图8-18 假山脚手建模工作流程

在型钢挑脚手模型构建过程中，需要对由于假山造型突变所导致的钢梁落低、钢梁缩进太多无法铺板需要延伸等突变情况进行有效的预估，从而更好地指导现场施工。图8-20为基于BIM模型的前瞻性深化设计。

图8-19 临时工作平台俯瞰图

（a）模型中的突变情况预估处理　　　　　　　（b）现场实际处理

图8-20　基于BIM模型的前瞻性深化设计

（2）外假山落地脚手构建

主题乐园塑石假山的外部空间环境相当复杂，所布设的脚手模型既要贴合假山表皮的造型，又要避让游艺轨道，同时还要符合相关脚手规范要求，无法通过批量指令生成，必须在三维整合模型中逐步逐跨手动布设。

在三维信息模型构建完成后，从完成的模型导出施工图。下文以一个分区的假山脚手为例，展示脚手平面布置图，如图8-21所示。

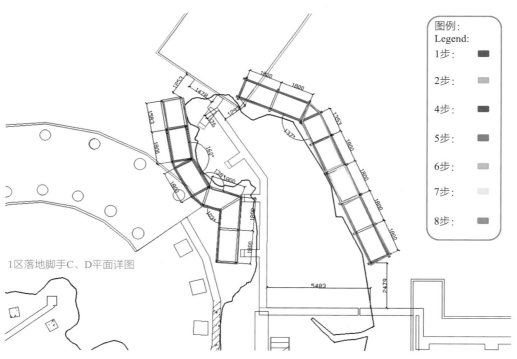

图8-21　外脚手分区落地脚手平面布置及步数示意图

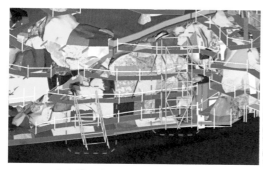
（a）模型中设计的上下通道

（b）现场实际搭设的上下通道

图8-22　假山脚手系统垂直运输通道设计

图8-23　内假山脚手剖面图

　　由于主题乐园塑石假山外假山脚手系统是由落地脚手与临时工作平台协同构成，故在外假山落地脚手布设的过程当中还需要寻找合适的位置设置人流通道及物料垂直运输通道，且不得影响脚手及型钢挑脚手通道通行。图8-22所示为假山脚手系统垂直运输通道设计。

（3）内假山脚手模型构建

　　内假山脚手的构建相较于外假山需要更多地去考虑与相关专业的协调问题。故在初步脚手模型构建完成后，还需将各专业分别对各区块的假山脚手进行碰撞检查，并制定假山脚手的调整方案。

　　同时，在确定内脚手的步距、跨距时要兼顾周边相关专业的施工操作。图8-23为内假山脚手剖面图。

8.2 塑石假山数字化加工技术

主题乐园塑石假山采用了全新的预制化装配施工模式,对预制塑石假山网片提出了极高的精度要求。因此,选取采用半自动化的预制网片加工模式,通过三维钢筋弯折机直接将模型信息转化为实体材料,保证预制塑石假山网片的质量、精度。

8.2.1 塑石假山网片构造

塑石假山网片由四部分组成,分别为6mm圆钢(中筋)及10mm圆钢(边筋)组成的网片龙骨、马镫、大眼鸡笼网(正面覆网)、小眼菱形网(背面覆网)。其中网片龙骨构成了网片的基本造型;马镫确保了背后小网与网片龙骨钢筋间保持40mm的间距,确保了假山背后水泥具有足够的保护层厚度;大眼鸡笼网及小眼菱形网则为喷射混凝土施工提供了条件。图8-24为塑石假山网片构造图。

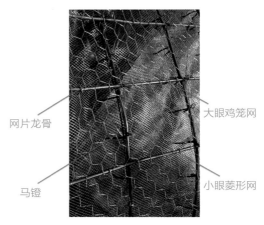

图8-24 塑石假山网片构造图

其中,6mm圆钢(中筋)及10mm圆钢(边筋)这两个网片造型主体的构成部分采用三维钢筋弯折机进行生产加工。

8.2.2 高精度塑石假山网片生产过程

(1)在工厂制作过程前,假山模型由"网片"精度级被进一步深化至"钢筋"精度级,即每一根钢筋都会被赋予特定的三维造型及编号。这些数据会被导入三维钢筋弯折机进行自动生产,如图8-25所示。

(2)生产的每一根钢筋都会被贴上自己特定的二维码标签,并以网片为单位成捆堆放。

(3)之后成捆的钢筋会被运送至特制的2m×2m×2m大小的夹具笼中进行拼装焊接,如图8-26所示。

在生产过程中,每一道工序完成后,都需要进行相应的质检并形成书面记录,如图8-27所示。生产完成后,所有塑石假山网片按编号在工厂内分区存储,如图8-28所示。

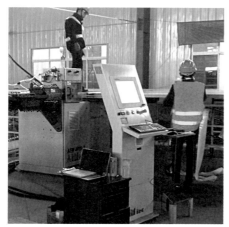

图8-25　三维钢筋弯折机弯折钢筋

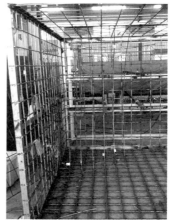

图8-26　成型钢筋在夹具笼中拼焊

QC质量流程卡

面板编号：

C_407_09_7.0_002

机器号：	M2			
机架号：	JIG08			
1	接收、核对档案			
2	弯折钢筋			
3	粘贴条码标签			
4	边筋与中筋摆放			
质量控制 Q.C.	检验与核对	拒绝		接收
5	边筋及控制中筋定位检查			
6	中筋定位检查			
7	检验焊缝及尺寸			
质量控制 Q.C.	检验与核对	拒绝		接收
8	焊接马镫检查			
9	铺网检测			
10	贴塑石假山钢筋网片束编号标签			
质量控制 Q.C.	检验与核对	拒绝		接收
11	入库			
12	成品储存			
质量控制 Q.C.	检验与核对	拒绝		接收
质量控制 Q.C.	出货检验	拒绝		接收

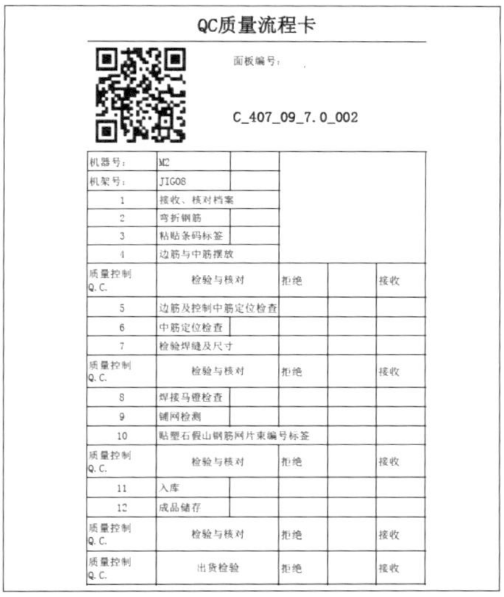

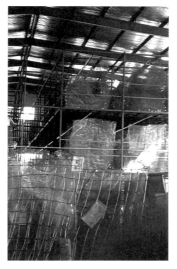

图8-27　塑石假山网片过程质量验收单

图8-28　塑石假山网片仓储

通过三维钢筋弯折机的引入及特制夹具的配合使用，可以实现预制塑石假山网片毫米级精度的预制生产，避免了生产过程中的人为误差，减少了预制装配流程中的误差累积，确保了假山整体造型的精准及游艺设施的安全性。

8.3　塑石假山网片数字化施工技术

8.3.1　运用物联网技术的塑石假山网片运输技术

塑石假山预制网片的驳运数量非常庞大，而现场安装时又与钢结构存在一一对应的关系，以七个小矮人矿山飞车为例，技术人员需要随时在四千多张网片中检索出所需要的那张，并在现场快速定位其具体存储位置，实际操作中存在着一定的难度。因此，针对塑石假山预制网片基于物联网技术构建运输管理体系。

由于网片运输着重关注节点状态，故决定采用二维码标签配合激光扫码器对于出厂、储存、安装几个时点进行状态录入，从而形成基于物联网的远程管理及进度管控。

1. 出厂阶段

在工厂生产阶段，工程师将深化的钢筋网片模型导入三维钢筋弯折机，弯折机自动弯折钢筋。钢筋成型后工人立即为钢筋贴上对应二维码标签。

每一片网片对应的钢筋成捆堆放后。扫码员用手持扫码器将每堆钢筋编码与数据库内信息校核对应，之后在特制模具内完成网片拼装焊接，并在工厂内按编号合理分区存储。

在出厂时，对所调取的钢筋网片逐片进行扫码，更新网片系统状态。

2. 储存阶段

储存环节是整个运输流程中最重要的一环，在经历了数月的存储期后在需要使用时要迅速响应，将所需要的网片提取并驳运至施工现场，难度较大。为此，采取了如下的保障措施：

（1）每一片网片在运到储存场地后进行扫码记录，确保不会在运输过程中发生遗失。

（2）在储存场地用脚手管搭设存储架，网片按顺序依次上架，在堆满后使用油布覆盖防止网片锈蚀。在上架过程中管理人员全程监督，不得出现小网片"见缝插针"放置，必须严格按照次序上架，在完成上架后不得随意调换网片次序。如图8-29为储存场地塑石假山网片存储堆放照片。

图8-29　塑石假山网片存储堆放

（3）对暂存架子实现区段挂牌管理，整排架子按ABCD依次排序，每一整排架子中每隔5m悬挂二级标牌，方便网片管理。网片进行停车场存储扫码的同时记录其所处管理段。

8.3.2 机器人全站仪与三维扫描结合的假山钢结构点位复测技术

预制装配式的假山网片安装对于假山钢结构点位的准确性要求极高，为避免误差累计对于后续安装的不可逆影响，采用了机器人全站仪测量与三维扫描相结合的精度控制体系，即在安装过程中通过机器人全站仪跟踪放样，安装完成后以三维扫描检验复测。

1. 机器人全站仪点位复测

机器人全站仪可以分为控制器、机器人全站仪及360度全方位棱镜三部分。其控制器部分可通过WLAN与机器人全站仪无线连接，为施工提供较大的灵活便利性；其机器人全站仪具有追踪功能，可以对测量点进行实时自动捕捉，不间断获取测量信息。

其具体的操作步骤如下：

（1）将钢筋网片悬挂角点的坐标转化为三维模型中的空间坐标点。

（2）根据现场实际选择放样点和背景数据，将三维模型加载入仪器手部。

（3）在现场运行软件，连接机器人全站仪并进行相应调试。

（4）选择现场的已安装纵向钢筋标签切槽为棱镜放置点并使机器人全站仪照准棱镜进行放样。

（5）记录数据并形成误差报告，同时可以生成三维放样反馈模型。图8-30为原始模型与测量实际模型对比报告。

（6）根据偏差对钢结构进行相应调整。

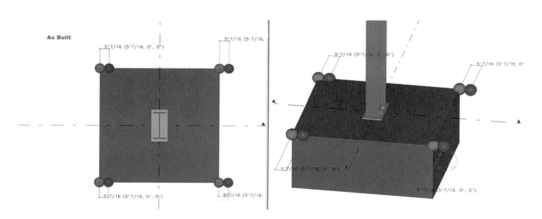

图8-30　原始模型与测量实际模型对比报告

2. 三维扫描点位复测

三维扫描仪采用经过调制的激光或红外线，根据反射调制波的相位变化来推算距离，从而形成与实体相一致的点云模型。三维扫描设备主要由三维扫描仪主机、标靶、三脚架等组成，图8-31为三维扫描设备。

在进行三维扫描之前需对整体的扫描机位进行安排。对于造型较为复杂的区域需要布置较多的机位，而对于较为开阔简单的区域则可以布置较少机位；而在各个扫射面的交集区域需设置一个或数个标靶，用以定位图像。如图8-32所示，绿色点位为拟布置的机位，红色小点则为拟布置的标靶。

现场扫描数据经软件处理后的点云数据如图8-33所示。

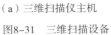

（a）三维扫描仪主机　　　　　（b）标靶

图8-31　三维扫描设备

图8-32　三维扫描机位布置图

图8-33　三维扫描点云图

3. 复测后现场实效

为检验次钢安装的准确性，在钢梁末端附近设置一控制点，以此控制点的坐标是否准确来评估钢梁是否已准确安装。此控制点分为两类，在需要搭设临时工作平台的部分，控制点设在距端部1400mm位置，其余次钢控制点设置在距端部35mm位置。

在安装网片前，需复验（调整）确认安装点坐标正确。所有的钢横梁节点位置偏差应均在如下要求内：

（1）水平任何方向25mm；

（2）垂直方向12mm。

经比对，机器人全站仪与三维扫描得出的数据结论均在误差范围以内。在实际操作过程中，使用机器人全站仪进行复测由于需要对待测点进行对应捕捉（类似全站仪），会导致大量的重复工作。但是其在施工过程中的实时监控效果较为良好。导入模型后采用放样及自

图8-34 机器人全站仪的自动捕捉功能

动捕捉功能，可以对需要的控制点进行实时的监控、调整，避免了传统全站仪的操作者需要重复捕捉测点的烦恼，同时也可以对安装者的调整作出便捷的实时指导，节省大量的人力。如图8-34为机器人全站仪的自动捕捉功能。

而三维扫描在后期的复测、质量把控阶段使用更为便捷，其常为人所诟病的数据残缺问题在土建质量把控的运用方面影响并不突出。但是在三维扫描过程中，复杂的造型会对其自身部分结构形成遮蔽，从而对扫描造成阻碍，需要多次移动机位，多次增设标靶。相对于机器人全站仪，三维扫描在后期的控制点复测方面具有更强的可操作性。

8.3.3 数字化的现场指导

基于塑石假山施工装配量大、装配定位难度大等特点，将移动设备引入塑石假山网片安装的施工管理，提升施工指导效率。通过在移动设备安装Autodesk BIM 360 Glue，能够更方便地在Autodesk Navisworks软件和Autodesk BIM 360 Glue之间进行无缝切换，从而将BIM模型带进施工现场，实现实时便携的模型查阅。

在使用安装有BIM 360 Glue的IPAD实时指导现场网片安装的过程中，需要使用到BIM 360 Glue的一部分基本功能，包括了对于模型的放大、缩小、移动、物体选取、物体重点显示、距离测量等。

1. 现场实例介绍

在塑石假山实际现场施工过程中，施工人员所看到的只是裸露的复杂钢结构，无法对应该区域的假山造型，因此使用安装图纸安装在实际操作过程中时常让工人无从下手。

下面是七个小矮人矿山飞车单体六区的施工案例。如图8-35为现场假山钢结构与分区网片安装图对比。

（a）六区现场假山钢结构

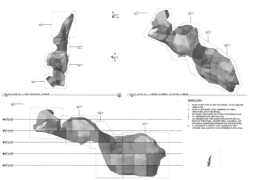
（b）六区塑石假山网片安装图

图8-35　现场假山钢结构与分区网片安装图对比

　　如图8-35所示，钢结构错综复杂，直接与假山安装图纸几乎无法产生直观的联系，这给假山网片的安装造成了巨大的困难。

　　而在施工过程中利用移动设备的辅助，可以很好地解决这个问题。在BIM 360 Glue中打开模型，关闭除钢结构外的其他图层，便可以非常直观地在完全一致的现场钢结构和钢结构模型中找到定位，如图8-36所示。

　　通过自身所在的大致方位加上下方巨大的钢结构斜撑，可以清楚地定位到自己的位置。而后保持模型位置不变，打开假山表皮图层，就可以直观明确地获得需要安装的假山位置形状，如图8-37所示。

　　最后点取所需要安装的网片，即可在IPAD上直接获取假山网片编号，如图8-38所示。

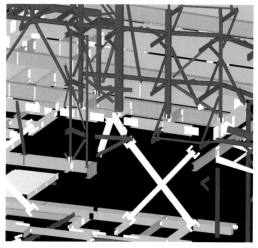
图8-36　单独显示假山钢结构定位

图8-37　打开假山表皮图层获取形状信息

图8-38 点取假山表皮获取表皮编号信息

图8-39 通过测量获取细部安装信息

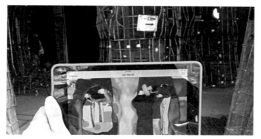

图8-40 基于移动设备的复杂造型调整

图8-41 基于移动设备的射灯区域假山造型修改

基于移动设备可以直观、方便、快捷、准确地获取安装所需的信息。包括节点距离的测量，如图8-39所示。

除了基本的网片安装工作，在现场使用移动设备指导还可辅助进行塑石假山造型的调整修改。在塑石假山网片安装过程中，常会发生复杂造型调整（图8-40）、协调其他专业改变留洞位置及洞口造型修改等情况（图8-41）。运用移动设备现场实时指导协调可以有效减少现场操作的主观性，提升造型修改的准确度及专业协调的效率。

塑石假山网片安装工作因其极为复杂的造型给了移动设备现场指导一个良好的契机，同时也展现了其巨大的发展潜力。随着针对现场施工管理方面软件的逐步成熟，它将有效避免现场技术施工人员的重复操作，令变更指令的传达更直接高效，并可以自动形成完整的记录，留下项目进展痕迹，为结算留下充分依据，成为施工现场精细化管理的助手。

总之，主题乐园项目的预制装配式塑石假山施工是对传统塑石假山施工技术的突破，同时也推动预制装配式结构施工的技术进步，实现建筑工业化、信息化的融合发展。

第 9 章

外总体数字化建造技术

主题乐园外总体工程包含了土方工程、区域道路、场地铺装、进场大门、栏杆及一些辅助功能用房。占地面积大，地势起伏变化多，地下还布置了纵横交错的管线。因此外总体的场地形成是一个非常复杂的过程，施工人员需要从地形底部开始"一层一层"往上施工直至地形表面形成。在进行上一层施工时必须保证下一层施工完成并且不存在问题，否则会带来大量的返工，影响工期。为了保证施工的进度和质量，主题乐园的外总体施工必须采用精细化管理，为此我们采用了一系列数字化的手段来辅助施工，保证了主题乐园外总体工程的品质。

9.1 数字化场地形成技术

9.1.1 基于Zigbee协议的监测系统

为了保证乐园场地的承载力，通过长期的论证和现场地质勘探，确定采用真空预压地基加固技术对土体进行加固。真空处理后的土体可以承受每平方米12t的压力，已经接近了飞机跑道的标准。为了保证高标准的土壤承载力，开发了一套数字化的无线监测系统，实时监测地表沉降、土体分层沉降、孔隙水压力等参数，保证真空预压加固的质量（图9-1）。

在土方施工中，条件环境错综复杂，施工器械、人员来往频繁。监测传感器分布的位置相对广泛，之间连接的电缆密布，很容易影响到机械、人员的正常作业；而且大量的电缆分布容易造成混淆，在能量和数据传送的过程中容易产生损耗。鉴于此，开发了基于Zigbee协议的监测系统，利用Zigbee无线协议实现传感器数据采集和系统数据采集之间的无线连接。省略了传感器和采集系统之间的电缆连接。只需在传感器连接端设置一台数据采集发生器，将采集的数据发送给工程现场的数据采集接收终端，数据采集接收终端再将采集的数据通过中国移动GPRS无线上传到技术中心的数据处理中心。数据采集接收终端可同时实现与多台数据采集发生器的联系。同时在数据处理中心就可以同时观察不同测试点的变化情况（图9-2）。与

图9-1　场地土方施工

图9-2　无线数据采集接收终端

普通的监测方法相比，基于Zigbee协议的无线监测系统具有较大优势（表9-1）。

优势对比

表9-1

	数据及时性	数据连续性	数据误差	数据可见范围
基于Zigbee协议的无线监测系统	实时数据反馈	最高频率，每3s一个数据	仪器误差	手机网络、电信网络覆盖范围
通常方法	延后约24h	人工测量频率	仪器+人为误差	报表送达范围

在主题乐园工程场地形成过程中，基于Zigbee无线协议监测系统对场地地表沉降、土体分层沉降、孔隙水压力等进行监测，并通过数据采集发生器，将采集的数据通过无线网络实时发送给工程现场的数据采集接收终端。大大简化了工程现场的传感器线路网络，使监测工程更加系统化、集成化和规范化。只需增加数据采集发生器的数量就可同时采集不同场地的多个参数的监测数据。工程人员可通过软件进行远程监测操作，大大降低了监测管理的工作量，使监测工作更加高效。

9.1.2　数字化无人机测算土方量

主题乐园对于土壤有着非常严苛的要求，在开始施工前，主题乐园对园区内土壤进行治理，治理总面积达3.9km²，置换土方超过4万m³。在进行建筑施工前场地内都是达标的优质土壤。由于满足主题乐园要求的土方价格较贵，主题乐园要求所有外运的土方需要精确计量，以方便园区统筹。为此特别开发了一套数字化无人机土方测算系统，快速测算土方量，以实现高效的土方平衡。

1. 无人机测绘原理

针对土方测量效率低、精度难以保证、成本高居高不下的难题，利用无人机测绘结合数字测图软件PIX4D，对项目地形的整体面貌进行快速建模，随后利用软件功能实现对土方量的快速准确的估算，在精度上有了显著提升。

PIX4D是PIX4D公司基于无人机开发的一款地形测绘软件。该系统可以实现对包括低空无人机等多种高分辨率航空影像和卫星影像的摄影测量处理，采用计算机自动化和人工筛选编辑结合的数据处理方式。

PIX4D软件通过导入的影像与GPS信息快速建立起影像之间的拓扑关系，自动计算空间三角原始影像的外方位元素，前方交会计算出影像对应地面点的三维坐标，实现特征点匹配，得到影像的外方位元素，快速完成三角网格构建，完成点云三维建模，以及以模型为基础的土方量估算。

主题乐园工程中运用航拍测算土方量的设备如表9-2所示。

设备列表   表9-2

设备名称	用途	参数
无人机	搭载航摄仪	Phantom4/Phantom3/Motoar Sky/Inspire
航摄仪	拍摄影像资料	有效像素 2000 万
摄像头	光感及变焦	FOV 94°20 mm 或 35.5mm f/2.8
云台	稳定及控制航摄仪	3- 轴俯仰：-90° ~ +30°
遥控器	控制无人机飞行及拍摄	5km 以上通信距离

2. 无人机测算流程

无人机土方测算的流程为：确认航摄区域、调试设备、设计飞行路线及参数、拍摄影像数据、初始化设置、三维建模、土方体积测算（图9-3）。

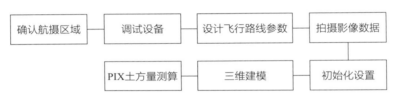

图9-3　无人机测绘工艺流程

在进行无人机航摄前，要对现场的实际情况进行考察，要观察现场空中是否存在如高压线、通信基站或发射塔等干扰无人机飞行的障碍，也要确认天气状况，风速五级以上、下雪、下雨、有雾天气不适合飞行。根据要拍摄的区域选取附近空旷地点作为起降点。

由于无人机的有效滞空时间一般约为半小时，为保证飞行效率，拍摄的航线布置是一项重要的前置工作。拍摄航线一般采取往复折返法以保证拍摄的影像有必要的重叠率。可以采用航点飞行设置，即在无人机飞行过程中记录航点，执行后无人机会沿设置的航点飞行。亦可以采用兴趣点环绕的方式飞行，适用于测定某一单独个体如独立堆土或回填区的体量。

无人机航空拍摄获取影像数据的完整性是影响后期处理的重要因素，在操作无人机进行航摄时需要保证拍摄的影像有30%的重叠率，以保证数据的完整性。

在拍摄时需在相机设置中开启网络分隔线，以网络线为参照，每当地面影像移动超过设备显示三分之一时即需要进行拍摄。根据项目体及需要测定的土方量设置飞行高度，一般为25～35m，高度的准确设置能保证后期建模时的精准度，进而影响堆土量测定的精度。

在飞行数据采集完成后需要对参数进行后期处理，内容主要为初始化处理、点云加密、数字表面模型及正射影像生成等方面参数调整。

应用PIX4D软件，导入航摄照片，结合地理坐标信息处理，生成点云，点云构成三维格网模型，最后结合照片生成有纹理的三维模型。区域整体三维建模方法如图9-4所示。

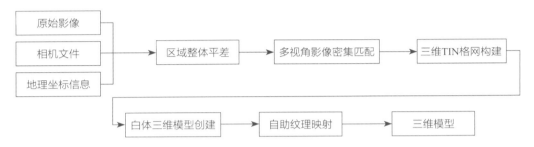

图9-4　三维建模流程图

应用PIX4D软件可以根据三维真彩色模型，对目标地质点设置为标志点进行标记，勾画地质线，然后根据其空间坐标计算出长度、面积、体积，测算出挖土或堆土的土方量。结合地表控制点可以快速、高效地生成满足工程精度要求的地形图。软件生成的三维真色彩模型场景还原度高，具有全局性、直观性的特征，可以作为地质点信息提取的工作平台，对工程效率提高有重要作用（图9-5）。

图9-5　PIX4D软件处理航拍照片

9.1.3 数字化地形塑造技术

1. 数字化地形创建

主题乐园地形起伏多变，并且对坡度、标高精度要求极高，与一般国内工程中粗放的室外总体工程大相径庭，为了能实施精细化的地形施工，需要借助数字化手段来辅助施工。利用现有数据建立三维地形是第一步也是最重要的一步工作。我们选用Civil 3D软件进行地形建模。现有资料中只有外总体图纸中建筑完成面的等高线平面图，并且由于主题乐园建造时分为5个区域，等高线信息与地形数据Civil 3D软件无法识别，因此需要对这些数据进行处理。分析现有平面图纸上的等高线数据，将平面等高线分为三种地形区域。

第一种地形为平地区域，将平地区域的完成面标高提取，赋予高度，使之标识高度与实际高度一致，这样平面等高线即有了三维的属性，平地区域的二维平面等高线即变为了有三维属性的三维等高线。

第二种地形为坡道区域，坡道区域非常复杂，标高不断变化，由于此处设计图中只提供了坡度值，未绘制等高线，因此需要对等高线进行补充。采用中位线法给直线两端赋予高程，然后根据坡度要求计算出该直线中点的标高，并在中点处画一条直线赋予高程值。为了使三维地形更精确，需要更密集的等高线做数据支撑，因此用同一方法多次在中点计算出等高线值，并添加含有高程的等高线。使软件能识别并生成平缓的地形曲面。

第三种地形为山丘区域，该区域大部高程较高，局部区域存在一个陡坡，在陡坡区域添加密集等高线并赋予高程值，使软件能够识别。

在处理完三种地形区域的等高线后，图纸的等高线已经从原来平面的二维线变成了含有高程值的三维曲线，只有这样的曲线才能被Civil 3D软件拾取。将这些三维曲线在Civil 3D软件中打开，创建曲面，三维曲线就转变成了三维的曲面。这是建筑完成面的数字化三维地形，也就是场地完成后的三维地形（图9-6）。

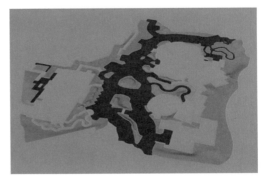

图9-6　地形曲面模型

2. 数字化回填分析技术

在完成场地完成面地形后，将之与现场地形进行对比后，就可以知道回填区域

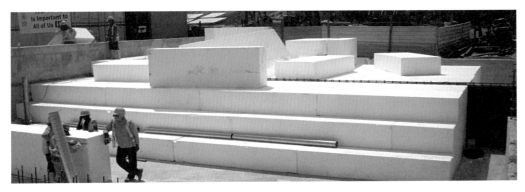

图9-7 土工泡沫施工

与回填高度。主题乐园对回填的质量要求非常高，回填密实度需要达到95%。传统的土方回填，质量难以达到主题乐园要求，因此主题乐园特采用有良好的耐久性、隔热性以及抗压性的土工泡沫进行回填。

土工泡沫是一种可发性聚苯乙烯泡沫塑料，它是由黏状聚苯乙烯颗粒发泡制成的。它所具有的抗压性和耐久性可以替代土作为填充材料，根据现场情况规划放置方法，将土工泡沫逐层堆叠，土工泡沫板之间采用连接件相互连接。比较传统的土方回填，土工泡沫施工过程中不会产生扬尘污染，对施工场地周边的环境污染小。土工泡沫具有独有的空腔结构，重量轻、耐老化、抗震、隔热性好，具有良好的防潮防虫功能，从而可以有效减少温度、湿度以及有机物和虫类的腐蚀和削弱，提高道路质量延长道路寿命。土工泡沫压缩性小，放置完成后，直接可以进行路面结构层的施工，避免后期由于沉降而对路面造成伤害（图9-7）。

为了能精确控制土工泡沫的用量与堆放标高，利用Civil 3D、Navisworks、Rhino等三维软件，对地形进行分析。首先根据场地完成面的地形模型将之与现有场地模型整合，分析出回填区域与回填高度，预留1.5m种植土深度，得到土工泡沫回填空间范围。由于土工泡沫为标准化的模块，而主题乐园外总体地势的起伏多变，因此不同地形区域，土工泡沫高度和形状都不一致，通过分析完成面地形模型，从而确定土工泡沫的高度，随后建立粗略土工泡沫的数字化模型。分析土工泡沫模型，根据形状分析标准模块和需要切割的模块数量。由于土工泡沫中会包含有构筑物或管线穿越，因此施工还需要切割出管线的行进路线，利用数字化模型对每块区域的土工泡沫进行了分析，并对所有需要切割的地方进行了标注和模型切割。完成切割后的数字化模型就是将来施工时需要的形状。根据土工泡沫的标准尺寸，对需要的形状进行拼合，也就是排版。运用了数字化技术对土工泡沫进行提前排

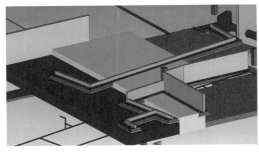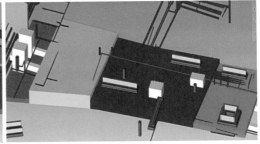

图9-8　土工泡沫与构筑物分析模型

版，既保证了施工的质量，又可以减少材料的浪费，而且在施工时工人可以直接根据数字化的三维模型像搭积木一样的去施工，大大提高回填的效率（图9-8）。

9.2　数字化硬景建造技术

图9-9　玩具总动员主题铺装和主题栏杆

　　主题乐园将道路铺装、栏杆以及构筑物等统称为硬质景观简称硬景。主题乐园的硬景更多注重娱乐性，旨在还原片区主题的视觉化氛围，主题乐园的片区主题基本为电影、动画或者漫画，片区内的景观就要凸显这些特殊的元素，例如图9-9中玩具总动员中的赛车道铺装和其相应的主题栏杆。

　　这些具有独特造型、工艺复杂的硬景，需要数字化技术来实现更有效率和更准确的设计、加工和施工。以设计为例，普通的二维图纸难以全方位描述形状特异的硬景内容，比如玩具总动员片区的K'nex风扇柱，如图9-10所示。

　　由于其造型十分特殊，无论是金属骨架还是FRP雪花片，不规则的外形以及穿线孔的位置都是需要三维建模才能更好表达设计意图。

　　由此可见，数字化技术在主题乐园的园林景观工程中有其必要性和发挥空间。下面就分别从最为典型的两个主题专项即主题铺装和主题栏杆为例来分析数字化技术在主题乐园硬景建造上的应用。

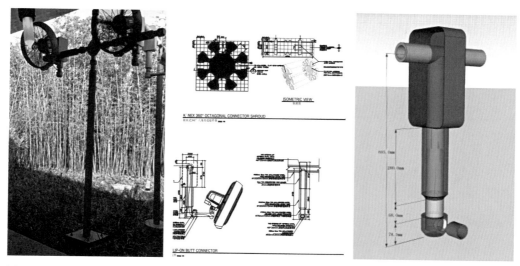

图9-10　玩具总动员主题风扇柱现场、二维图纸及三维模型示意图

9.2.1 "主题铺装"数字化建造技术

　　主题乐园中的主题铺装用的最多的是压印彩色混凝土铺装，这种铺装是通过使用着色剂染色后的混凝土进行路面浇筑，并在表面进行磨具压印形成的，突出随机性、自然化。所以混凝土面上存在的各种施工缝也是不规则、弯弯曲曲的；在进行混凝土施工时，这些混凝土路面将被进行分仓浇筑，形成设计要求的分仓缝。如图9-11、图9-12为主题乐园特殊的彩色混凝土分块"安迪的脚印"，及模型中选择的混凝土分仓块。

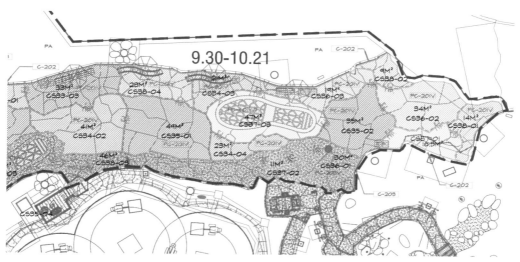

图9-11　彩色混凝土分块

图9-12　主题铺装"安迪的脚印"分仓示意图

　　玩具总动员片区一共有6块"安迪的脚印",在进行每一仓的混凝土浇筑前,需要对这些分仓边界进行模板设置和固定,然而这些不规则的分仓缝在现场进行模板搭设效率很低,利用数字化技术可以根据三维模型提前获得模板尺寸信息,提前进行模板预加工。

　　利用模型中对地形标高的仿真,按照混凝土厚度进行彩色混凝土路面的模型建立,再按照主题铺装分仓图对混凝土路面模型进行分割,形成实际的混凝土区块。便可以提取混凝土块的模板边,获得混凝土块侧模的大小尺寸、弯折情况、坡度等信息。将此信息汇总分类,发送至模板生产厂家,厂家将此信息转化为Excel文件,对混凝土块侧边用木板进行实际模拟,再根据侧模设计厚度要求向外圈扩大相应尺寸,最后在内外两层模板内注入液体硅胶等材料,待其凝固,拆除木模板,即可提前预生产好这些模板,这样可以大大提高主题铺装施工的进度(图9-13)。

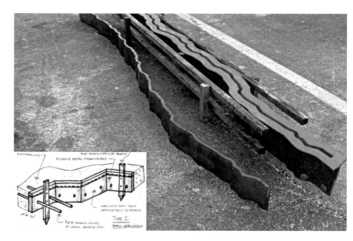

图9-13　分仓缝异形模板

9.2.2 "主题栏杆"数字化建造技术

主题乐园中的栏杆样式繁多，千变万化，通过数字化技术对主题栏杆进行仿真，可以发现二维图纸中无法显示的内部问题，或者与周边环境的冲突问题。其次，可以根据数字化模型来统计、区分、查找栏杆的构件、饰面、颜色等各种信息，便于在建造中各参与方对于信息的需求。此外，栏杆本身的加工通过数字化技术可以大大提高产品制作的正确性和效率。

从建模角度上来说，主题乐园的主题栏杆基本上没有任何模板可以套用，每一种栏杆都需要重新创建，为栏杆中的每一个小构件进行族的建立。在玩具总动员片区中，主题栏杆可以分为两种不同的大类型，一种为标准样式类，一种为非标准样式类。标准样式类表示栏杆拥有一种或几种标准样式，不会出现与标准不同的尺寸，例如图9-14的雪花片栏杆。

雪花片栏杆总共有8种标准样式，所以对于生产而言只需要统计全场各种类型的数量，便可以进行加工，需要创建8个族便可以涵盖所有此类型的栏杆模型。但从加工角度来看，此类栏杆的难点在于栏杆本身构件的复杂性，比如雪花片栏杆上五颜六色且尺寸不同的雪花片。这时通过数字化技术，可以大大增加加工和生产的正确性和效率。

首先针对雪花片或者其他复杂的构件进行建模，其精度必须达到LOD400-500，之后将模型文件导成加工厂商可以接受和使用的文件格式，比如SAT格式，利用此含有模型信息的文件便可输入到相应加工机械进行构件母模的制作，通常母模是经过3D打印制作而成，也有通过机械切割和拼装而成的金属母模；在母模通过业主审批后，根据母模进行翻模形成构件的模具，翻模的过程是使用有流动性的材料，比如液体硅胶，对母模进行包裹，包裹必须紧贴不留空隙，待包裹材料凝固，将模

图9-14　标准样式栏杆"雪花片栏杆"模型与实际对比图

图9-15 雪花片构件模型

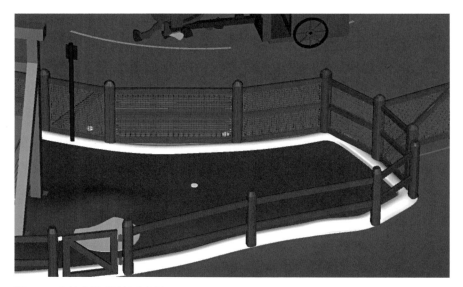

图9-16 非标准样式栏杆示意图

具拆开，取走母模，即形成了翻模而成的模具，利用此翻模模具便可以进行大批量的构件生产。这种数字化加工流程大大提高了构件加工的正确性和效率。只有通过这种严密的信息传递流程，才可能制作出标准的符合设计要求的构件，同时还能满足现场施工的进度要求（图9-15）。

非标准样式的主题栏杆通常是彼此连接不断开的，立柱之间的长度因现场路缘石的弯曲程度而变化（图9-16）。

这类主题栏杆没有标准尺寸，需要创建一个和栏杆长度相关（立柱与立柱间中心间距）的参数化族群，针对每一段栏杆都赋予其相应的长度数据，而栏杆立柱间的所有构件都根据这个长度而发生相应的自动改变，所有的参数都是通过公式定义，并且有一定的逻辑关系。从加工角度看，由于每一段都不同，且有些还会根据现场实测值改变，栏杆本身无法准确地提前完成加工。

通过对主题栏杆模型的建立，结合栏杆周边所有可能接触或靠近的构筑物模型，对栏杆进行冲突和间距的检查，同时对存在问题的地方进行栏杆长度的调整，在所有问题解决后再进行工厂预加工。通过这个过程，既减少了未来可能发生的修改风险，也为预加工提供了保障（图9-18）。

在主题乐园硬景工程中，数字化技术可以在主题乐园特有的主题硬景的建造中体现明显的应用价值，它能有效地解决设计、构件加工、现场安装、施工进度等问题，为整个工程提供全方位的帮助；也只有通过对数字化技术的应用，完美的作品才能如期呈现在游客面前。

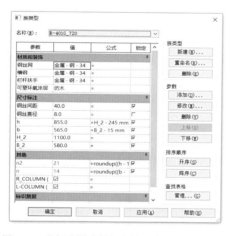 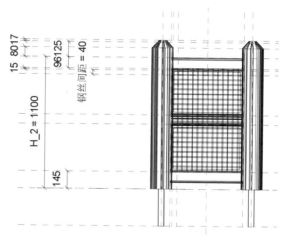

图9-17 非标准样式栏杆参数化建模示意图

图9-18 胡迪牛仔主题栏杆现场图

第 10 章

园林工程数字化建造技术

上海主题乐园度假区内的绿化覆盖率超过了40%，整个园区通过丰富多样的植物配置，营造出风格迥异的主题景观，带给游客身临其境的沉浸式体验氛围。总共栽植乔灌木51万余株，地被115万余株，草坪4万m^2，做到了三季有花、四季常绿的景观效果。为了能达到如此高标准的景观效果，主题乐园对种植土、苗木种植、苗木保护、苗木灌溉等方面都制定了非常高的标准，为此在主题乐园的园林工程中我们引入了一系列数字化的手段来精细化管理，确保主题乐园园林工程的品质和效果。

10.1 数字化种植土生产技术

整个主题乐园一期工程需要中方提供75万m^3的优质种植土，需满足主题乐园的31项指标要求。为缓解上海土壤紧缺的现状，需充分利用原主题乐园范围内的农田表层土。因此对于主题乐园范围内的农田表土进行采样分析，并与主题乐园标准进行比较，表土部分指标存在问题，但综合考虑主题乐园一期农田表土具有可利用价值，可将主题乐园范围内的农田表层土改良后再利用。因此通过大量的测定分析，最终确定适宜上海主题乐园建设生产用的土壤生产配方，即原土改良配方，并选取了设备建立生产线，形成一套完整的种植土生产工艺及管理流程，以满足主题乐园的土方需求量和种植土质量标准。

10.1.1 种植土生产技术数字化标准

1. 国家标准的选用

我国制定并已颁布实施的标准对绿化工程土壤强调5项主控指标的测定，重点工程增加6项一般指标；而上海一般工程只控制pH、EC和有机质3个指标，重点工程有6个控制指标。有重金属潜在污染才增加重金属的测定。

2. 上海主题乐园的种植土指标

主题乐园的种植土参考标准，需满足pH、盐度、氯、有效硼、钠吸附比、有机质、C/N比、磷、钾、铁、锰、锌、铜、镁、钠、硫、钼、发芽指数、砷、镉、铬、钴、铅、汞、镍、硒、银、钒、铝、石油碳氢化合物、有机苯环挥发烃（苯、甲苯、二甲苯和乙基苯）31项指标要求。主题乐园的评价指标非常全面，而且用与植物密切相关的各元素形态来进行评价，无论是有益指标还是有害指标，均有控制范围。

为了研制符合上海主题乐园标准的土壤，上海市园林科学研究所通过53个配方的测定分析的测试结果，得出了种植土的标准配方。

10.1.2　种植土生产设施及工艺流程控制

针对剥离收集的表土可能存在养分缺乏，污染超标、质地黏重等缺陷需要改良或修复的现状，以及总体开发协议对基准种植土生产的过程步骤相关要求，进行小批量的配比生产试验满足标准要求，建立几种相应的种植土生产的技术配方。

1. 种植土配比试验

2011年12月，利用CBW-200型搅拌设备进行绿化种植土第一次试生产，此次中试共设置5个配方，采集11个土壤样品（其中配方1随机取样3次，其他各配方均随机取样2次）。

2012年4月，在利用新安装的搅拌设备进行绿化种植土第二次试生产，此次中试共设置4个配方，采集8个土壤样品，每个配方均随机取样2次。

经过反复试验、校正和多次中试后，检测确定实验室配方可用于大规模生产，可适用于所有乔灌木及草坪的种植需求，满足与美方达成的适合上海主题乐园种植土标准。为了满足大量高标准种植土的需求，国内首条精准计量的种植土数字化生产流水线诞生。选用CBW-200型搅拌设备用于种植土生产，控制原材料质量，结合生产方案，建立工艺流程，生产优质种植土并按需求供应（图10-1）。

图10-1　种植土流水线生产

2. 种植土生产工艺流程

采用连续性自动搅拌生产线方式：建立1条生产流水线，按照配方实现自动化生产，该生产线的能力为150m³/h，每天1条生产线的生产能力不低于1500m³（图10-2）。

3. 生产设备信息控制流程设计

各类原材料经送料入仓后，按当天各项原材料密度，测定相应重量比配方，通过调节各条皮带机速率，控制下料重量，做到按配方精确混合搅拌（图10-3）。

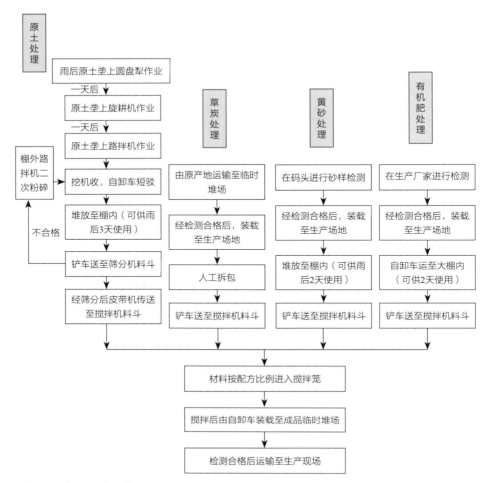

图10-2　种植土生产整体工艺流程图

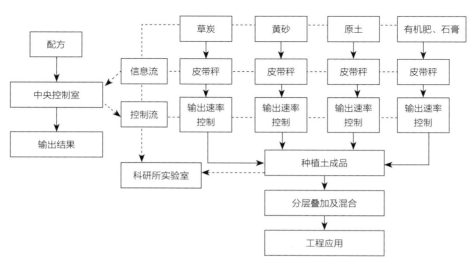

图10-3　生产设备信息控制流程图

4. 成品种植土生产

成品种植土生产由自动流水化搅拌设备完成，通过各料仓皮带机传送至主皮带机，经过主皮带机传送至3m长的连续式搅拌笼，经加水拌合充分后，由主皮带机传送至成品储料仓，最后由自卸式卡车驳运至待检测区域（图10-4～图10-6）。

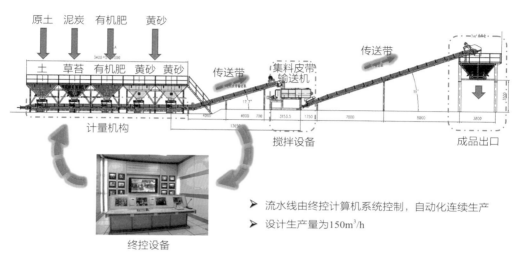

- 流水线由终控计算机系统控制，自动化连续生产
- 设计生产量为150m³/h

图10-4 成品生产流程

图10-5 原料仓

图10-6 主皮带机

（1）各物料仓皮带机下料控制

通过当天对各原材料含水率的测量，计算出当天生产种植土的重量比配方；根据配方，计算出每分钟各原料出料量；根据流量与出料数量对照表，将每种原材料下料频率手动输入控制室电脑内；启动下料皮带，并传送至主皮带。

（2）主皮带机送料搅拌操作

待各原材料皮带机顺利落入主皮带机后，由流水线自动完成送料至搅拌全过程。

（3）搅拌后成品加水操作

为了分解消散大块的原土颗粒，经由螺旋搅拌机出料后，需开启喷水装置对成品种植土进行洒水操作，以确保种植土充分搅拌，并让土粒粒径分解得更加微细。

（4）成品仓卸料操作

种植土成品经搅拌笼后，由主皮带机传送至成品料仓，成品料仓满载后卸料至自卸式卡车内，并短驳到成品待检区。

10.2 数字化容器苗管理技术

主题乐园施工工期紧张，施工时段涵盖一年四季，对苗木供应提出了很高的要求。为此主题乐园采用了苗木容器培育技术。容器化育苗具有育苗时间短、苗木整齐健壮、不伤根、运输方便、造林后无缓苗期、移栽不受季节限制等特点，不仅能在施工中缩短施工时间、一年四季均可施工，且苗木无需修剪，绿化景观成型迅速。

容器苗经过选苗后都需要在园区专门设立的培育区域培育2～3年后，待各项指标满足主题乐园标准后才能够出圃进行整体移植，并且不得在种植前进行修剪（图10-7）。

图10-7　容器苗培育区

为了更好地管理这些容器苗，引入了数字化的管理手段，建立了数字化容器苗管理平台，对容器苗的选苗、育苗、移植等全过程进行监控和追溯。

10.2.1 数字化容器苗管理平台

1. 数字化容器苗档案管理

每一株容器苗在进入苗圃后建立电子档案，在树干统一位置采用手持式钻头安装植物芯片，采用手持设备登录数据库，录入该株植物的相关信息，拍摄照片并上传保存（图10-8）。

图10-8　手持式植物芯片扫描器及读写设备

从入场、每一次的灌溉、施肥、除虫治病、各季节的照片到最后的出圃，所有的信息均记录在电子档案中。可以检测苗木的植物芯片或根据苗木的位置编号查阅到苗木的详细信息。

其中由电脑终端维护的信息包括：树木编号、树种、学名、科名、拉丁名、所属区域、来源、树龄、树高、胸径、冠幅、立地环境条件、生长状况、病虫危害情况、保护级别、养护责任人、建立日期、备注、是否移出等内容。

由智能手机维护的信息包括：经纬度坐标采集、现场照片采集。照片采集由四个部分组成，分别为苗木移入、9个月/次例行检查、苗木移出以及病虫害等情况取证。

树木的历史移栽信息与基本信息匹配在一起，方便查询单个苗木的信息。信息主要内容：移栽时间、移栽区域、原种植区域、操作人员、建立时间（图10-9）。

图10-9　植物芯片安装及读取

2. 养护记录及跟踪

为确保苗圃内容器苗的养护质量，并能高效地与业主进行沟通反馈，现场实时记录、储存、查询每一株容器苗的信息及养护状态。

养护信息采集通过三种方式实现，分别为现场信息采集、平台信息采集和智能手机信息采集。当养护人员对树木进行养护时，直接通过阅读器，扫描此次养护的树木电子芯片号，则本次养护信息即可自动采集并保存至识读器的内存中（识读器内存可存储两万条此类养护信息）。当养护人员完成一天养护后，将识读器连接电脑，通过信息导入系统自动将当天的养护记录导入养护数据库，实现养护信息的自动采集与上传。

采集日常养护的信息主要包括：树木编号、养护时间、养护内容（病虫害、修剪、浇水、中耕除草、施肥等）、实景照片、养护人员。

在下一次养护时对上一次养护信息进行查询，可以根据树木编号、树种、区域、时间等条件查询，将养护的详细信息列出，更有针对性地进行养护。

10.2.2 平台设计原理及架构

主题乐园数字化容器苗管理平台以三层架构建立园林植物可追溯系统，确保系统的安全性和整体运行效率。使用经过ICAR认证，具有全球唯一标识识别号的电子芯片作为每一棵苗木的核心载体（图10-10）。

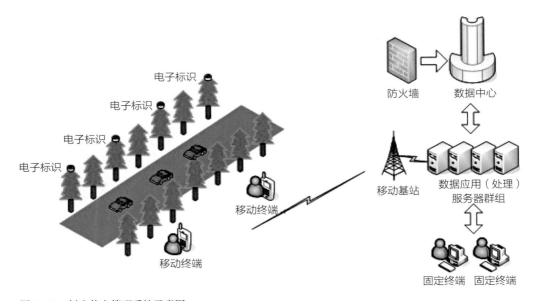

图10-10 树木信息管理系统示意图

1. 操作流程

图10-11为容器苗管理从进入苗圃至移植全过程的流程。

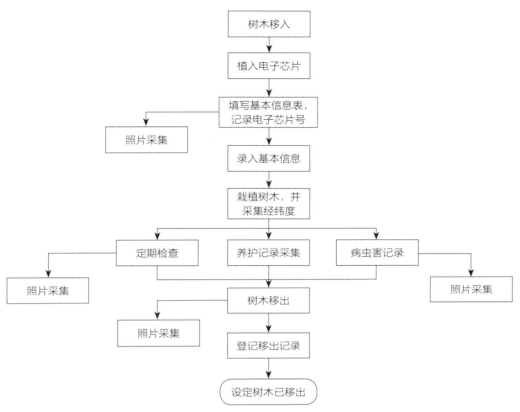

图10-11　景观容器化苗木储备管理中电子芯片操作流程图

2. 电子芯片硬件设计

数据存储设备：用于对系统运行数据的存储与备份，包括树木的基本信息、树木的照片与养护信息。并根据系统运行所获得的数据建立数据仓库，为数据挖掘提供必要的数据保障。

通过数据应用（处理）服务器：可将数据存储设备中的原始数据根据数学模型转换为可分析的有效数据，并通过Web应用服务，向查询终端提供各项分析和预警数据。

信息采集查询终端：通过定制的终端设备，可方便采集养护的相关信息，并自动导入数据库或实时查询数据库中的相关信息。

3. 电子芯片主要功能模块设计

出于安全和运行效率等因素的综合考虑，系统按照多层构架的原则组成，即数据链入层、业务逻辑层和应用表示层。数据链入层主要负责与数据库信息的读写与操作；业务逻辑层主要负责统计、查询、跟踪等具体业务功能的实现；表示层则根据用户的需求，将业务逻辑层的内容合理安排布局，展示给用户。通过三层的隔离实现数据库对非法用户的隔离，并保持了系统开发的完整性，有利于今后系统的二次开发和升级维护工作。

10.3 数字化苗木保护技术

主题乐园园区内所种植的苗木大多价值不菲，并且有大量苗木为珍贵品种。若发生苗木死亡的情况，将发生巨大的经济损失。因此对于苗木的根系土球保护相当重要，为了提高存活率，主题乐园项目中利用数字化手段，在种植前对所有苗木土球进行数字化分析，排除所有影响苗木生长存活的不利因素。

10.3.1 树球根系土球数字化分析

为了保护植物的根系，在移植树木时会在树木根部保留土球，称为树球，树球需要完全包裹植物的根系，否则就会影响到树木的存活率。主题乐园业主要求树球的尺寸为树木胸径的6~8倍，不得小于6倍。主题乐园的室外总体地下管线密集、地形复杂且室外构筑物的基础等对于树木的根球位置影响比较大。因此对于特别复杂范围，采用数字化建模进行碰撞调整。例如：部分的地下室顶板种植区、大斜坡主道路等范围（表10-1）。

树球直径确定（mm）   表10-1

树池编号	种植池名称	数量	土球直径	土球高度	硬质平面图位置	种植池洋图位置
1	种植池 4C	1	2900	2330	AD301.2	AD606.8
2	种植池 4E	1	2900	2330	AD301.2	AD606.11
3	种植池 4D	1	2900	2330	AD301.2	AD606.11
4	种植池 4G	1	2900	2330	AD301.2	AD606.13
4.1	种植池 4F	2	2900	2330	AD301.2	AD606.12
5	种植池 5	2	1600	1420	AD301.2	AD606.9
6	种植池 5	2	1600	1420	AD302.2	AD606.9

在确定树球直径后，根据树木所在的不同位置对重点区域树球做特别的标注，并使用Revit软件对所有的树木树球进行建模。和总体范围内的所有管线、基础等

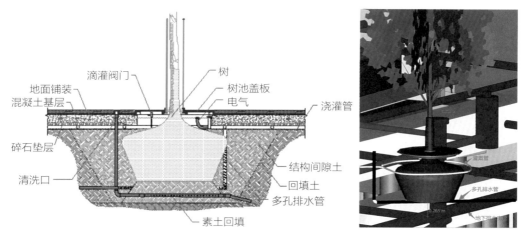

图10-12　种植池内综合协调

构筑物模型碰撞，在模型中移除碰撞点位，减少在树木种植过程中影响其快速成活的不利因素。以主题乐园餐饮休闲娱乐区为例，其中结构顶板区域有280多棵乔木需要种植，在单个顶板种植池内，除了乔木外还有多孔排水管、灌溉管，以及结构基础、结构间隙土范围（用于道路承载，不影响苗木根系生长）等多个专业的构件，全部完成建模后，利用了BIM技术对顶板种植池内进行了碰撞分析（图10-12）。

在设计图纸中，并没有将多孔排水管、灌溉管等管线在种植池内表现出来，并且这些管线的施工先于树木种植，如果管线侵占了树球的位置，那么会对树木生长产生影响。如果管线与树球位置过于接近，那么在种植树球时可能会对管线造成破坏。因此，施工方需在管线深化过程中，利用BIM技术将种植池内的树球、灌溉管、多孔排水管、地下排水主管以及种植池结构等专业的三维模型创建后进行整合后，确定具体的排水管、灌溉管的施工位置，减少在实际施工过程中的碰撞。

例如，主题乐园部分主路斜坡的地下一般为管线走廊，地下的管线又多又密且多为重力管线，管线坡度控制非常重要，在实际施工中不能随意调整坡度；其中需要种植大量的乔木，树球直径较大；且很多坐落在土工泡沫范围内，需要根据树球、管线影响要求进行切割（图10-13）。

将各专业的BIM模型整合后，发现主题乐园大剧院的冷冻机组给水管以及电缆管有多根穿过了树球的范围，这对树木的生长影响非常大，由于这些管线都为主管线，管线位置不能随意调动。如果将树木移位，虽然影响比调整机电管线的影响要小许多，但是还是存在路面石材铺装、景观布景等多方面的修改。最终利用三维的可视化技术，多专业协调之后，确定调整树木的位置，根据树木移位后的效果，重新调整总体铺装、景观布景（图10-14）。

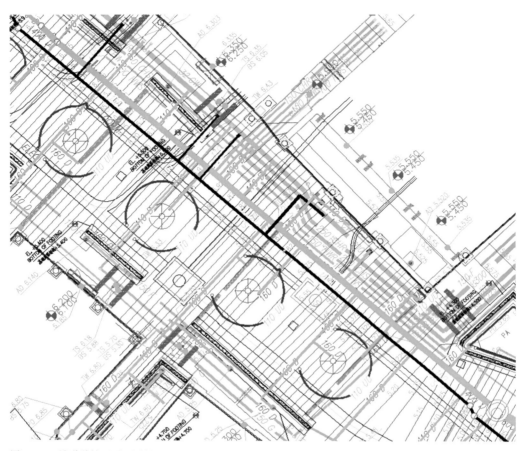

图10-13　坡道种植区平面图纸

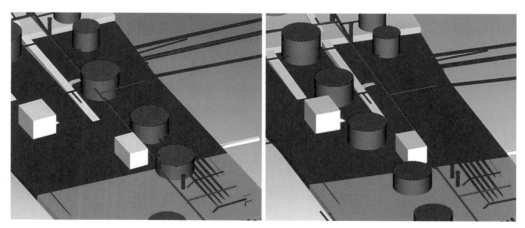

图10-14　调整前后的树木位置

10.3.2 数字化苗木定位

由于主题乐园的苗木都是艺术家精心设计的，因此它的位置都是有其特殊意义的，精确定位十分重要。在建立完苗木的数字化模型后可以知道每一棵苗木的坐标点，将数据导出后，运用全站仪对每株乔木进行定位，测放出乔木的中心点，用树木标牌将树木中心点标示清楚，上面标明植物名称，同时，施工时将主管安装走向现场放样，完成定位放样后，再进行乔木位置与灌溉主管位置的定位复核并现场调整（图10-15）。

图10-15 所有苗木在BIM模型中的定位

10.4 数字化绿化灌溉技术

10.4.1 数字化智能灌溉中控系统

主题乐园绿化灌溉水的设计是根据全范围覆盖和绿化平均需水量的要求进行设计。为最大限度地节约园区绿化喷灌用水、人工成本以及实现智能化控制，上海主题乐园根据实际需要在园区安装了Maxicom灌溉系统。

1. 系统原理

Maxicom灌溉系统是针对大型商业场所设计的智能灌溉控制系统。其设计原理是通过中央控制器对各站点采集数据进行处理后，对各站点控制绿化区域发出是否灌溉指令。Maxicom的通信方式有电话、无线电、移动电话、电缆或光缆等多种通信方式，从一点控制和监测无数个站点和气象资料采集点。上海主题乐园根据不同情况采用光缆和无线WiFi两种相结合的方式来控制各片区的绿化灌溉。

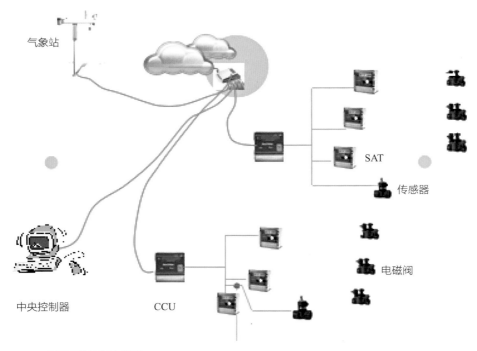

气象站

SAT

传感器

中央控制器　　　　　　CCU　　　　　　　　　　　电磁阀

图10–16　工作原理及控制流程图

Maxicom智能灌溉系统是通过自动气象站的雨量传感器和湿度传感器或用户提供的蒸发蒸腾量（ET值，即测算在特定的气候条件下，植物与土壤水分损失的科学方法，为计算灌溉水量提供依据），将与植物需水相关的气象参量如温度、相对湿度、降雨量、风力等传送到中央计算机，中央计算机通过相应的软件确定出所需的灌溉时间及灌溉水量，电磁阀自动开启，通过主管道和支管道为喷头输水，喷头以各自的旋转角度自动旋转，灌溉结束时电磁阀自动关闭。为了避免离水源远的喷头不能被供给足够的压力，电磁阀开启数量始终控制在主管压力满足条件的情况下，保证每个喷头的水压满足设定的喷灌射程，避免发生因为水压不足，喷头射程减少的现象。整个灌溉系统相互协调工作，实现对绿化灌溉的智能控制达到高度的自动化。这种灌溉系统的工作原理及控制流程如图10–16所示。

交互式中央计算机控制系统通过与自动控制器的连接实施对灌溉现场的集约控制。目前，基于Windows的中控软件能实现多种功能。

2. 现场模拟

支持GPS定位系统及AutoCAD图形系统的中控软件能精确再现现场的灌溉情况，并能将现场运行情况的各种数据以图表的形式反映在电脑显示屏上。通过交互式的友好界面能随时访问各工作站的部件如电磁阀、喷头等的技术参数及运行情况。

3. 自动编程

通过综合考虑气象、土壤、植物以及电磁阀的参数等因素，系统能自动编制灌溉程序。也可以通过人为输入参数编定灌溉程序实现简单快速的灌溉。

4. 实时监控

对灌溉现场的运行情况实时监控，报告流量、压力、电磁阀电流、控制器电源、开关等的状态，并对反馈信息进行处理，调整灌水程序。

5. 数据资料储存

软件能现场记录并储存当天的各种灌水参数并能核查近期的灌水情况。相关数据库还能包含基于地形情况如坡度，土壤资料如土壤种类、板结参数、作物参数等信息，方便进行管理。

6. 流量管理

通过流量管理工具，系统对灌水量进行监控并能以图表的形式将流量直观反映于电脑。通过对系统流量的合理分配，实现系统流量最大化应用，减少水量的浪费。

7. 数据输出

系统能根据用户定义，打印程序清单、灌溉程序以及各工作序列的详细数据。

此外，软件系统还能实现图形模块选择、图层定制、安全密码保护等其他功能。目前，国外的一些灌溉公司都有相关的软件系统。随着计算机软件的不断发展和完善，中控软件也将会朝着更科学化、人性化的方向发展，实现友好方便的信息交流和灌溉管理。

10.4.2 智能灌溉系统安装与调试

灌溉水系统的安装与绿化的种植密不可分，为相互穿插施工，灌溉的原则是服务绿化。灌溉的施工工序为主管及配件安装、绿化乔木及大灌木种植、支管喷头安装、地被植物种植、灌溉系统进水口（POC）及地面卫星站（SAT）等设备机械安装、管道冲洗打压、系统调试和覆盖测试。该施工工序的确定就是根据绿化种植的特性决定。

1. 开沟挖槽

沟槽深度需满足设备安装、外部承压和冬季泄水的要求；在灌溉主管和冲洗主管进行开挖和安装之前，先要根据乔木位置进行协调放样（包括主管走向和所有阀门位置），管线走向在工作开始前需要得到认可。

2. 安装管道

管沟要有足够的宽度供主管和导管安装连接，主管距离沟壁两侧净距不得小于200mm。管沟底部应该为管道提供均匀和稳定的支撑，不得有任何可能导致管道局部位置荷载过高的情况，沟底需要有50mm的垫层。控制线应放置在主管投影范围内（距主管10mm左右）以保护线缆。灌溉管线和其他公用管线之间的间隔距离至少要有150mm。

3. 压力测试

压力测试是管道安装工作中最重要的一个环节，为的是检测管道连接的密闭性。在进行试验时，应按以系统设计的工作压力确定测试压力。进行压力测试之前，要先做好混凝土止推墩、地锚、管卡等管道保护措施。管道要充满水，并将空气排掉。通过加压泵将管道压力慢慢增加到10.5Pa。停止加压，管道保压不低于4h，压力降不超过0～5%。在测试开始和结束时以及测试期间每隔30min记录压力读数。通过加压泵补水将管道压力增加到保压初始值，并测算补水量。

4. 沟槽回填

管道压力测试合格后即可回填沟槽。主管压力测试通过后，管接头和管沟可以进行回填，回填时，保持管道为低温状态。对于种植土夯实到85%密实度，对于砂夯实到95%密实度。主管回填至300mm高度位置要做密实度测试。混凝土止推墩浇筑需要在主管回填之前进行。沿主管所有变向或末端处的球墨铸铁管件均要浇筑混凝土止推墩。在所有弯头、三通、大小头及堵头处均要浇筑混凝土止推墩。

5. 安装喷头

喷头安装前应进行注水冲洗所有干管、支管，清除管内的泥沙和异物，避免杂物堵塞喷头。喷头高度应与地面平齐；灌区边界和特殊点喷头的安装位置应考虑定位的合理性，以防出现漏喷或喷洒出界问题。

6. 注水冲洗

主管冲洗完成后进行注水冲洗，管道注水速度不要超过0.6m/s。主管一旦注满水，开启末端冲洗管道并将水就近排放。支管冲洗之前，先把喷芯取出；慢慢手动打开电磁阀往管道注水直到喷头出水；喷头出水变为清水时，关闭电磁阀并从上游安装喷芯；继续上述方法直到所有喷芯安装完毕。

7. POC及SAT等设备的安装

POC为灌溉系统的进水口，主要具有控制水量、稳定水压、计量水量及清除杂质的作用。其他设备包括CCU、SAT、雨量传感器及湿度传感器。这类设备在安装时，应仔细阅读安装说明和注意事项，选用适合的导线，安装完成后还要对安装接头做好防水处理。

8. 系统调试

系统调试包含两个部分：

（1）灌溉系统设备的调试，包括CCU、SAT及中央计数机的调试运行，主要工作有设备远端控制调试、仪器是否工作检测及终端数据的输入。

（2）系统调试的主要作用是在灌溉系统安装完成后对现场绿化面积区域是否覆盖完全，喷头喷洒是否均匀，喷头喷洒是否对道路行人造成影响的检测。

CHAP
11

第11章

数字化竣工交付

11.1 数字化竣工交付的成果

主题乐园项目是一个全过程采用数字建造技术的工程。项目从设计阶段开始到后续施工阶段直至最后竣工阶段，过程中产生的所有信息也都通过数字化手段被完整地保留下来。为了主题乐园项目日后更好地进行运维管理，减少不必要的重复劳动，项目除传统竣工资料以外，还将BIM模型及相关过程数据信息以电子版本的形式一同移交给主题乐园业主方，辅助业主团队日后更好地进行主题乐园的正常使用和维护。

主题乐园竣工资料内容包含传统竣工资料及工程数据资料。工程数据资料有两部分，分别是BIM图形文件和建筑信息。BIM图形文件主要是主题乐园各单体的竣工图纸及竣工模型，竣工模型包括两种不同格式文件，一种为Revit格式文件，一种为Navisworks格式文件。Revit格式文件为可编辑格式，业主可在后期使用过程中根据自身需求自行修改；而Navisworks格式文件为不可编辑格式，其主要功能是整合所有专业模型，方便业主更快速便捷地浏览。建筑信息为施工过程中的所有设计信息、施工信息及材料信息。前期施工过程中通过收集的方式将所有相关信息收集整理，到竣工阶段再将完整的数据信息移交给业主，所有数据信息事先录入模型中，便于业主检索相关内容。

主题乐园对于电子提交和竣工交付物有严格的要求，必须达到主题乐园的标准，方能完成相关的提交流程。根据主题乐园相关合同文书及数字化建造的要求，主题乐园竣工交付的数字化成果如表11-1所示。

竣工交付的数字化成果 表11-1

名称	提交时间	内容	交付形式
模型审核报告书	收到设计模型	模型审核的相关问题	Word 文档
完善后的模型	视审核报告修改内容多少确定	施工单位完善修改并经过 WDI 最终确认的模型	原生模型格式
BIM 及 4D 方案	中标后	BIM 及 4D 实施方案	Word 文档
整合协调模型	每周提交	每周根据 BIM 协调会修改后的内容所完成的整合模型	IFC 或 Nwd 格式，以及相应的原生文件格式
4D 模型	每周提交	包含现场进度及过程中信息的 4D 模型	以 Synchro 软件格式提交
4D 动画	定期提交	通过 4D 模型导出的动画，用于展示进度或相应的施工流程	Avi 格式
IRL	每周提交	出现的未解决的问题	按照 WDI 规定的格式

名称	提交时间	内容	交付形式
模型维护报告	定期提交	图纸修改内容的反映	Pdf
深化设计图	每周提交	各专业深化设计内容	Pdf、CAD
制造商的证书	按合同	制造商证书和测试报告	Pdf
综合协调图	按合同	包括平面、立面及剖面图	Pdf
产品目录资料	产品进场审核前	目录、宣传册、清单等	Pdf
操作及维护手册	产品进场审核前	运营维护手册	Pdf

其中竣工模型必须分专业提交和整合提交，模型必须有附加的模型说明和相关资料的链接以确保模型是可用的。

11.2　数字化竣工交付的标准

主题乐园的数字化交付有相关的标准，标准内容包括：竣工前总承包单位每周提供更新文件，以便深化团队与业主BIM工作团队协作对项目建筑信息模型中的所有建筑系统进行更新，直至形成充分协调的竣工模型及资料。模型应包含下文中所列的工程范围的最低要求。

11.2.1　模型精度及要求

模型精度以几何精度分级以及信息分类两个维度来分级，其中几何精度分为以下的四大类：

概念设计等级（LV.1）：粗犷的外形，仅表述有包络性质的几何尺寸，并且几何尺寸可在以后变更。

初步设计等级（LV.2）：近似的基本尺寸、形状和方向，能够反映物体本身大致的几何特性。主要外观尺寸不得变更，如有细部尺寸可在以后做调整。

施工设计等级（LV.3）：物体主要组成部分必须在几何上表述准确，能够反映物体的实际外形，保证不会在施工模拟和碰撞检查中产生误判断。

工厂制造等级（LV.4）：模型与实际产品应完全对应，包括所有的细部构造。

附加信息的深度以附加信息的多寡来评判，附加信息类型越多则深度越深。附加信息类型如下：

基本几何信息（Geo）：作为模型上未显示或显示不清的尺寸的补充，或者同一类模型应用于项目不同位置后在尺寸差异上的说明。本项信息只针对于几何尺寸精度LV.1与LV.2。

产品识别信息（ID）：针对预制部件所需的单体识别信息，每个单体预制件对应唯一的识别编号。

产品专业信息（Pro）：针对具体产品的专业信息，例如电机的工作电压、额定功率等。

施工安排信息（Con）：包括物件出厂时间、运抵工地时间、完成安装时间等信息。

11.2.2 竣工模型整合

所提交的模型，各专业内部及专业之间无构件碰撞问题存在。

严格按照建模要求分别完成模型的各阶段深度。

严格保证BIM模型与二维CAD图纸包含信息一致，如有要求中英文对照的内容，BIM模型中也要求中英文对照录入。

机电管线系统建模采用Revit Mep。提交模型时必须同时提供Nwc格式模型，用于Navisworks下的模型整合。

为限制文件大小，所有模型在提交时必须清除未使用项，删除所有导入文件和外部参照链接，同时模型中的所有视图必须经过整理，只保留默认的视图和视点，其他都删除。

与模型文件一同提交的说明文档中必须包括：模型的原点坐标描述，模型建立所参照的CAD图纸情况。

实际完工后，总承包立即配合业主BIM工作团队向CM提交建筑信息模型更新文件的最终版本。总承包整理文件，去除多余的"碎片"和"工作空间"层、放弃的设计、对象创建和测试空间、空层和其他随BIM过程形成而产生的内容。

11.3 数字化竣工交付的流程

数字化竣工交付在合同上有相关的说明，但是随着工程的进行势必会有新的不在合同规定范围内的内容出现，所以数字化竣工交付须严格按照合同规定的方式完成，合同范围外的需承包商与业主联合制定相应的流程。

竣工交付申请的提交是指承包方应在数字化竣工交付前30天向业主提交数字化竣工交付申请，申请内容需明确交付内容的范围、具体的交付时间、交付内容所匹配的合同条款或者技术规格书，以及PMCS平台上的指向位置。业主方会在7天后14天前回复竣工申请。

竣工交付资料的准备是指在竣工准备期间，承包商应准备好各专业数字化交付的内容，并符合数字化交付要求。承包商需按专业及单体将以上数字化交付内容整理整合，移除重复不必要的内容。

竣工资料交付的验收是指在数字化竣工验收时期，由业主组织竣工资料交付的验收会，业主方设计、管理公司、BIM顾问，施工方BIM负责人、PMCS主管、设计、监理、总包办公室参与。会上逐项对竣工交付内容进行说明审阅，当各方没有异议后由总承包BIM负责人、PMCS主管分别线下、线上提交数字化竣工资料。

竣工资料交付的审核是业主收到数字化竣工资料后由专人负责审核，于40天内提出审核意见，施工方按照审核意见完善数字化竣工资料，直至审核通过。

索 引

参考文献

［1］张连营，赵旭. 工程项目IPD模式及其应用障碍［J］. 项目管理技术，2011（1）：13-18.

［2］张琳，侯延香. IPD模式概述及面向信任关系的应用前景分析［J］. 土木工程与管理学报，
2012（3）：48-55.

［3］徐韫玺，王要武，姚兵. 基于BIM的建设项目IPD协同管理研究［J］. 土木工程学报，2011
（12）：138-143.

［4］David C Ken, Burcin Becerik-Gerber. Understanding Construction Industry Experience and
Attitudes Toward Integrated Project Delivery[J]. Journal of Construction Engineering and
Management, 2010, 136(8): 815-825.

［5］Jonathan Cohen. Integrated Project Delivery:Case Studies[R]. California:AIA California
Council, 2010.

［6］AIA. Integrated Project Delivery: a Guide[R]. California: AIA, 2007.

［7］曹铭. 基于IFC标准的建筑工程信息集成及4D施工管理研究［D］. 北京：清华大学土木工
程系，2005.

［8］National Institute of Standards and Technology[EB/OL]. [2009-4-13]. http://www.nist.gov.

［9］陈沙龙. 基于BIM的建设项目IPD模式应用研究［D］. 重庆：重庆大学建设管理与房地产
学院，2013.